# ウェブ検定 2級

## WEBMASTER CERTIFICATE

# 公式問題集
## 2024・2025年版

一般社団法人 全日本SEO協会 編

C&R研究所

## ■本書の内容について

● 本書は編集者が実際に操作した結果を慎重に検討し、著述・編集しています。ただし、本書の記述内容に関わる運用結果にまつわるあらゆる損害・障害につきましては、責任を負いませんのであらかじめご了承ください。

● 本書の内容についてのお問い合わせについて

　この度はC&R研究所の書籍をお買い上げいただきましてありがとうございます。本書の内容に関するお問い合わせは、「書名」「該当するページ番号」「返信先」を必ず明記の上、C&R研究所のホームページ(https://www.c-r.com/)の右上の「お問い合わせ」をクリックし、専用フォームからお送りいただくか、FAXまたは郵送で次の宛先までお送りください。お電話でのお問い合わせや本書の内容とは直接的に関係のない事柄に関するご質問にはお答えできませんので、あらかじめご了承ください。

〒950-3122 新潟県新潟市北区西名目所4083-6　株式会社 C&R研究所　編集部
FAX 025-258-2801
「ウェブマスター検定 公式問題集 2級 2024・2025年版」サポート係

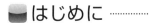
# はじめに

『ウェブマスター検定 公式テキスト 3級』では、企業の業績を向上させるウェブサイト制作方法を詳しく解説しました。その中で、ウェブサイト立ち上げ時に知っておくべき多くのノウハウを網羅しました。しかし、いくら完璧なウェブサイトを作成したとしても、売り上げ目標を達成し、持続的に成長するのは容易なことではありません。企業の売り上げをウェブサイトを活用して増やすためには、「ウェブサイト作成後」の取り組みが重要です。ウェブサイトの立ち上げは単なる始まりに過ぎず、大きな旅の出発点に過ぎません。

『ウェブマスター検定 公式テキスト 2級』では、ウェブサイト作成後に継続する「ウェブマーケティング」という集客活動の実施方法を解説しています。見込み客が商品・サービスのニーズを認識し、比較検討から購入、リピートへと進む道のりを時間軸で捉え、各段階で企業がどのような手を打つことができるかを総合的に検討します。また、それぞれの戦略・戦術を実施する方法を具体的に解説し、ウェブサイトの集客力を高め、売り上げを最大化する方法をお伝えします。インターネットの発展に伴い、多様なサービスが登場し、ウェブマーケティング戦略は日々複雑化しています。コンテンツマーケティング、SEO、SNS、YouTube、オンライン広告など、知るべきことや実践すべきことが無数に存在します。しかし、これらすべてを学ぶためには、数十冊の本を読んでも足りないほどの情報量があります。

『ウェブマスター検定 公式テキスト 2級』では、読者の皆さまが膨大な情報を効率的に学ぶために、ウェブマーケティングの全体像、流れ、成功のための重要ポイントを1冊の本で把握できるようにまとめています。何事も、方法がわからなければやる気は湧きません。しかし、理解すればやる気が出てくるものです。そのやる気を引き出し、すぐに取り組みたくなるような内容を目指して執筆しています。

これらの知識をあらゆる層の人たちに身に付けてもらうために本書では100問の問題を掲載し、その解答と解説を提供しています。そして検定試験の合格率を高めるために本番試験の仕様と同じ80問にわたる模擬試験問題とその解答、解説を掲載しています。

読者の皆さまが本書を活用して2級の試験に合格し、ウェブサイトの売り上げを最大化したいすべての企業の経営者やウェブ担当者、そしてクライアントに納品したウェブサイトの売り上げを向上させ、クライアントに喜ばれることを願うすべての人々の助けとなることを願っています。本書を手に取り、ウェブマーケティングにおける成功への道のりを歩んでいただければ幸いです。

2023年9月

一般社団法人全日本SEO協会

# ■本書の使い方 ·······

**●チェック欄**
自分の解答を記入したり、問題を解いた回数をチェックする欄です。合格に必要な知識を身に付けるには、複数回、繰り返し行うと効果的です。適度な間隔を空けて、3回程度を目標にして解いてみましょう。

**●問題文**
公式テキストに対応した問題が出題されています。左ページの問題と右ページの正解は見開き対照になっています。

WEBMASTER CERTIFICATION TEST 2nd GRADE

## 第1問

**Q** 重要目標達成指標を示すものは次のうちどれか？　最も適切な語句をABCDの中から1つ選びなさい。

1回目
2回目
3回目

A：KPI

B：KCI

C：KBI

D：KGI

## 第2問

**Q** 売り上げや新規顧客獲得数以外のKGIに含まれにくいものは次のうちどれか？　ABCDの中から1つ選びなさい。

1回目
2回目
3回目

A：直帰率

B：顧客維持率

C：利益率

D：ブランド認知度

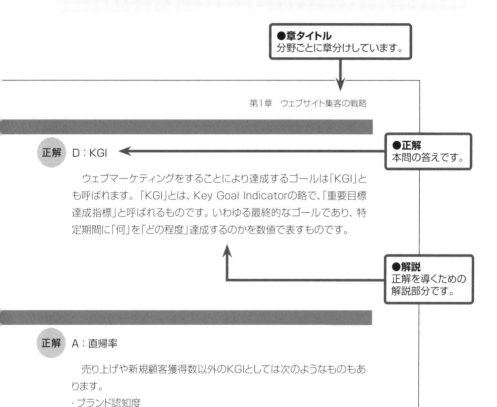

　本書は、反復学習を容易にする一問一答形式になっています。左ページには、ウェブマスター検定2級の公式テキストに対応した問題が出題されています。解答はすべて四択形式で、右ページにはその解答と解説を記載しています。学習時には右ページを隠しながら、左ページの問題を解いていくことができます。

　解説欄では、解答だけでなく、解説も併記しているので、単に問題の正答を得るだけでなく、解説を読むことで合格に必要な知識を身に付けることもできます。

　また、巻末には本番試験の仕様と同じ80問にわたる模擬試験問題とその解答、解説を掲載しています。白紙の解答用紙も掲載していますので、試験直前の実力試しにお使いください。

**●章タイトル**
分野ごとに章分けしています。

第1章　ウェブサイト集客の戦略

**正解**　D：KGI

**●正解**
本問の答えです。

　ウェブマーケティングをすることにより達成するゴールは「KGI」とも呼ばれます。「KGI」とは、Key Goal Indicatorの略で、「重要目標達成指標」と呼ばれるものです。いわゆる最終的なゴールであり、特定期間に「何」を「どの程度」達成するのかを数値で表すものです。

**●解説**
正解を導くための
解説部分です。

**正解**　A：直帰率

　売り上げや新規顧客獲得数以外のKGIとしては次のようなものもあります。
・ブランド認知度
・利益率
・顧客維持率

# ウェブマスター検定2級　試験概要

## ▌▌▌運営管理者

| | |
|---|---|
| 《出題問題監修委員》 | 東京理科大学工学部情報工学科　教授　古川利博 |
| 《出題問題作成委員》 | 一般社団法人全日本SEO協会　代表理事　鈴木将司 |
| 《特許・人工知能研究委員》 | 一般社団法人全日本SEO協会　特別研究員　郡司武 |
| 《モバイル技術研究委員》 | アロマネット株式会社 代表取締役　中村 義和 |
| 《構造化データ研究委員》 | 一般社団法人全日本SEO協会　特別研究員　大谷将大 |
| 《システム開発研究委員》 | エムディーピー株式会社　代表取締役　和栗実 |
| 《DXブランディング研究委員》 | DXブランディングデザイナー　春山瑞恵 |
| 《法務研究委員》 | 吉田泰郎法律事務所　弁護士　吉田泰郎 |

## ▌▌▌受験資格

学歴、職歴、年齢、国籍等に制限はありません。

## ▌▌▌出題範囲

『ウェブマスター検定 公式テキスト 2級』の第1章から第7章までの全ページ
『ウェブマスター検定 公式テキスト 3級』の第1章から第8章までの全ページ
『ウェブマスター検定 公式テキスト 4級』の第1章から第8章までの全ページ

- 公式テキスト
  - URL https://www.ajsa.or.jp/kentei/webmaster/2/textbook.html

## ▌▌▌合格基準

得点率80%以上

- 過去の合格率について
  - URL https://www.ajsa.or.jp/kentei/webmaster/goukakuritu.html

## ▌▌▌出題形式

選択式問題　80問
試験時間　60分

## ▌▌▌試験形態

所定の試験会場での受験となります。

- 試験会場と試験日程についての詳細
  - URL https://www.ajsa.or.jp/kentei/webmaster/2/schedule.html

## ▋受験料金
6,000円（税別）/1回（再受験の場合は同一受験料金がかかります）

## ▋試験日程と試験会場
- 試験会場と試験日程についての詳細
  URL  https://www.ajsa.or.jp/kentei/webmaster/2/schedule.html

## ▋受験票について
受験票の送付はございません。お申し込み番号が受験番号になります。

## ▋受験者様へのお願い
試験当日、会場受付にてご本人様確認を行います。身分証明書をお持ちください。

## ▋合否結果発表
合否通知は試験日より14日以内に郵送により発送します。

## ▋認定証
認定証発行料金無料（発行費用および送料無料）

## ▋認定ロゴ
合格後はご自由に認定ロゴを名刺や印刷物、ウェブサイトなどに掲載できます。認定ロゴは
ウェブサイトからダウンロード可能です（PDFファイル、イラストレータ形式にてダウンロード）。

## ▋認定ページの作成と公開
希望者は全日本SEO協会公式サイト内に合格証明ページを作成の上、公開できます（プロ
フィールと写真、またはプロフィールのみ）。
- 実際の合格証明ページ
  URL  https://www.zennihon-seo.org/associate/

# 目次

# 第 1 章

## ウェブサイト集客の戦略

**第1問**

Q 重要目標達成指標を示すものは次のうちどれか? 最も適切な語句を
ABCDの中から1つ選びなさい。

A：KPI

B：KCI

C：KBI

D：KGI

**第2問**

Q 売り上げや新規顧客獲得数以外のKGIに含まれにくいものは次のうちど
れか? ABCDの中から1つ選びなさい。

A：直帰率

B：顧客維持率

C：利益率

D：ブランド認知度

**正解**　D：KGI

　ウェブマーケティングをすることにより達成するゴールは「KGI」とも呼ばれます。「KGI」とは、Key Goal Indicatorの略で、「重要目標達成指標」と呼ばれるものです。いわゆる最終的なゴールであり、特定期間に「何」を「どの程度」達成するのかを数値で表すものです。

**正解**　A：直帰率

　売り上げや新規顧客獲得数以外のKGIとしくは次のようなものもあります。
・ブランド認知度
・利益率
・顧客維持率

## 第3問

Q カスタマージャーニーとは何か?　最も適切な説明をABCDの中から1つ選びなさい。

1回目

2回目

3回目

A：見込み客の生活スタイルを時間軸で捉えるフレームワーク

B：商品・サービス購入の過程と心理的状態を時間軸で捉えるフレームワーク

C：商品・サービスの品質を向上させるための軸となるマーケティング戦略

D：オフラインマーケティングの施策の実施手順を詳しく示すフレームワーク

## 第4問

Q カスタマージャーニーマップについての次の記述のうち、正しいものはどれか?　ABCDの中から1つ選びなさい。

1回目

2回目

3回目

A：カスタマージャーニーマップは業種や商品・サービスにかかわらず一種類だけである。

B：B2CでもB2Bでもカスタマージャーニーマップの形態はまったく同じである。

C：カスタマージャーニーマップは業種や商品・サービスによってさまざまである。

D：消費者に商品・サービスを販売する業界ではカスタマージャーニーマップは使用されない。

**正解**　B：商品・サービス購入の過程と心理的状態を時間軸で捉えるフレームワーク

　　「カスタマージャーニー」(Customer Journey)とは「バイヤージャーニー」(Buyer Journey)とも呼ばれるもので、多種多様な見込み客が商品・サービスの購入を検討する段階から購入をするまでの過程を時間軸で捉え、それぞれの見込み客が心理的にどのような状態にあるのかを予想し、それぞれのプロセスにいる見込み客にどのようなウェブマーケティングの施策を実施すればよいのかを考えるためのフレームワークです。

　　カスタマーは「顧客」、ジャーニーは「旅」という意味で、顧客が商品やサービスを購入するまでにたどるプロセスを旅にたとえているものです。

**正解**　C：カスタマージャーニーマップは業種や商品・サービスによってさまざまである。

　　カスタマージャーニーマップは1つの種類しかないというわけではなく、業種や商品・サービスによってさまざまなものがあります。特に、消費者に商品・サービスを販売するB2Cと法人に商品・サービスを販売するB2Bではカスタマージャーニーマップの形態は異なります。

## 第5問

Q ウェブマーケティングの施策に含まれない組み合わせはどれか? ABCD の中から1つ選びなさい。

A：SNS運用、リスティング広告、リターゲティング広告

B：動画広告、動画投稿、電子メール

C：アフィリエイト広告、展示会への出展

D：SEO、アドネットワーク広告、SNS広告

## 第6問

Q 次の文中の空欄[1]と[2]に入る最も適切な語句の組み合わせをABCD の中から1つ選びなさい。

[1]広告とは、広告を出稿できる多数のWebサイトやアプリ、SNSを集めた 広告配信ネットワークに同時に出稿できるオンライン広告である。日本国内 で利用されている[1]の代表的なものとしては、Googleが提供する[2]が ある。

A：[1]リスティングネットワーク 　　[2]Googleサーチコンソール

B：[1]アドネットワーク 　　　　　　[2]Googleアナリティクス

C：[1]配信ネットワーク
　　 [2]Googleリスティングネットワーク

D：[1]アドネットワーク
　　 [2]Googleディスプレイネットワーク

**正解**　C：アフィリエイト広告、展示会への出展

　カスタマージャーニーマップを作成した後は、カスタマージャーニーマップ上のどのプロセスでどのウェブマーケティング施策を実施するかを決めます。カスタマージャーニーマップには、ウェブを使って実施するオンライン施策だけではなく、オフラインのマーケティング施策が含まれますが、ウェブマーケティングの施策にはそれらオフラインのマーケティング施策は含まれません。

　ウェブマーケティングの施策には次のものがあります。

・SEO　　　　　　　　　・SNS運用
・動画投稿　　　　　　　・リスティング広告
・SNS広告　　　　　　　・動画広告
・アドネットワーク広告　　・リターゲティング広告
・アフィリエイト広告　　　・電子メール

**正解**　D：[1]アドネットワーク　[2]Googleディスプレイネットワーク

　アドネットワーク広告とは、広告を出稿できる多数のWebサイトやアプリ、SNSを集めた広告配信ネットワークに同時に出稿できるオンライン広告です。日本国内で利用されているアドネットワークの代表的なものとしては、Googleが提供するGoogleディスプレイネットワークがあります。

## 第7問

**Q** KPIの例に該当ししにくいものはどれか？　ABCDの中から1つ選びなさい。

A：楽天のアドネットワーク広告を利用してサイト訪問者数を1万人獲得する。成約率1%以上を目指す。

B：自社TikTokに見込み客に役立つ無料お役立ち動画を毎月12回投稿して自社アカウントのフォロワーを月平均1000人獲得する。

C：Instagram、Facebook、Pinterest、LINEなどのSNSを運用して、200万円の売上を達成する。

D：Googleのアドネットワーク広告を利用してサイト訪問者数を2万人獲得する。成約率1%以上を目指す。

**正解** C：Instagram、Facebook、Pinterest、LINEなどのSNSを運用して、200万円の売上を達成する。

　KPIの例としては次のようなものがあります。

・自社YouTubeチャンネルに見込み客に役立つ無料お役立ち動画を毎月12回投稿してチャンネル登録者を月平均500人獲得する。それによりYouTubeからのサイト訪問者数を毎月6,000人獲得する。

・自社TikTokに見込み客に役立つ無料お役立ち動画を毎月12回投稿して自社アカウントのフォロワーを月平均1000人獲得する。それによりTikTokからのサイト訪問者数を毎月9000人獲得する。

・Instagramの広告を利用してサイト訪問者数を8000人獲得する。成約率1%以上を目指す。

・Googleのアドネットワーク広告を利用してサイト訪問者数を2万人獲得する。成約率1%以上を目指す。

・楽天のアドネットワーク広告を利用してサイト訪問者数を1万人獲得する。成約率1%以上を目指す。

# 第 2 章

## コンテンツ
## マーケティング

## 第8問

Q 次の文中の空欄[1]と[2]に入る最も適切な語句の組み合わせをABCD の中から1つ選びなさい。

「コンテンツマーケティング」とは、企業が顧客や見込み顧客に対して有益なコンテンツを提供することにより、[1]を築き、自社商品・サービスの存在を知ってもらい[2]を高く評価してもらい、最終的に商品・サービスの購入につなげるマーケティング手法を指す。

A：[1]共存関係　　　　　[2]自社ブランド
B：[1]共鳴関係　　　　　[2]自社サイト
C：[1]信頼関係　　　　　[2]自社ブランド
D：[1]依存関係　　　　　[2]自社サイト

## 第9問

Q コンテンツマーケティングが登場する前のマーケティング戦略に関して、正しくない記述をABCDの中から1つ選びなさい。

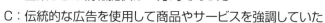

A：情報は双方向のコミュニケーションで共有された
B：企業からの情報提供は一方的であった
C：伝統的な広告を使用して商品やサービスを強調していた
D：情報はターゲット層に繰り返し浴びせかけられるものであった

**正解**　C：[1]信頼関係　[2]自社ブランド

　「コンテンツマーケティング」とは、企業が顧客や見込み顧客に対して有益なコンテンツを提供することにより、信頼関係を築き、自社商品・サービスの存在を知ってもらい自社ブランドを高く評価してもらい、最終的に商品・サービスの購入につなげるマーケティング手法を指します。

**正解**　A：情報は双方向のコミュニケーションで共有された

　コンテンツマーケティングが登場する前のマーケティングは、伝統的な広告を打つことにより、商品やサービスの特徴を強調することが中心であり、企業から一方的に情報を繰り返しターゲット層に浴びせかけるものでした。

## 第10問

**Q** コンテンツマーケティングのメリットに最も含まれにくいものは次のうちどれか？　ABCDの中から1つ選びなさい。

1回目

2回目

3回目

A：SEO効果が高い

B：ターゲットに絞ったマーケティングができる

C：ポータルサイトで拡散されやすい

D：信頼関係が構築できる

## 第11問

**Q** コンテンツマーケティングで提供できるコンテンツの組み合わせに最も含まれにくいものをABCDの中から1つ選びなさい。

1回目

2回目

3回目

A：インフォグラフィック、ポッドキャスト

B：テンプレート集、ケーススタディ

C：ソーシャルメディア投稿、ニュースレター

D：ホワイトシート、ギフトカード

**正解**　C：ポータルサイトで拡散されやすい

　　コンテンツマーケティングは非常に魅力的な集客方法であり、次のようなメリットがあります。
・信頼関係が構築できる
・SEO効果が高い
・費用対効果が高い
・ターゲットに絞ったマーケティングができる
・ソーシャルメディアで拡散されやすい

**正解**　D：ホワイトシート、ギフトカード

　　コンテンツマーケティングで提供できるコンテンツには次のような種類があります。
・ブログ記事
・動画
・ポッドキャスト
・画像
・インフォグラフィック
・テンプレート集
・ソーシャルメディア投稿
・ケーススタディ
・ホワイトペーパー
・電子書籍
・ニュースレター
・Q&A・FAQ
・プログラム

## 第12問

Q 次の文中の空欄[ ]に入る最も適切な語句をABCDの中から1つ選びなさい。

動画はYouTubeやVimeoなどの動画共有サイトに投稿するストック型のものと、Instagram、TikTokなどに投稿する縦長の短尺動画、[ ]と呼ばれるセミナー形式のライブ配信のものなど、さまざまな形式のものがある。

A：ウェビナー
B：ズーム
C：チームズ
D：Googleミート

## 第13問

Q 次の文中の空欄[1]と[2]に入る最も適切な語句の組み合わせをABCDの中から1つ選びなさい。

[1]は、英語で鋳型、ひな形、定型書式などを意味する。契約書や申込書などの法的な文書や職務経歴書や履歴書などを作成する際のひな形となるデータやファイルを[2]で配布することにより、専門家に依頼せずに自分で作成しようとするユーザーにとって有益なコンテンツになる。

A：[1]テンプレート 　　 [2]WordやExcel形式
B：[1]ホワイトペーパー 　　 [2]SGDファイル形式
C：[1]パワーポイント 　　 [2]JPGやPNG形式
D：[1]ホワイトシート 　　 [2]Excel形式やPPT形式

**正解**　A：ウェビナー

　動画はYouTubeやVimeoなどの動画共有サイトに投稿するストック型のものと、Instagram、TikTokなどに投稿する縦長の短尺動画、ウェビナーと呼ばれるセミナー形式のライブ配信のものなど、さまざまな形式のものがあります。

**正解**　A：[1]テンプレート　[2]WordやExcel形式

　「テンプレート」とは、英語で鋳型、ひな形、定型書式などを意味します。契約書や申込書などの法的な文書や職務経歴書や履歴書などを作成する際のひな形となるデータやファイルをWordやExcel形式で配布することにより、専門家に依頼せずに自分で作成しようとするユーザーにとって有益なコンテンツになります。

## 第14問

Q 次の文中の空欄[1]と[2]に入る最も適切な語句の組み合わせをABCD
の中から1つ選びなさい。

[1]とは電子書籍のファイルフォーマットのことである。[2]のため、特定の
ハードウェアに縛られずに読み込めることが特徴である。[1]を読み込め

るアプリがインストールされていれば、どの端末でも読むことが可能である。

A：[1]EPUL 　　　　[2]ブックフォーマット
B：[1]PPUL 　　　　[2]オープンフォーマット
C：[1]EPUB 　　　　[2]オープンフォーマット
D：[1]JPUB 　　　　[2]ブックフォーマット

## 第15問

Q 次の文中の空欄[　]に入る最も適切な語句をABCDの中から1つ選びな
さい。

ウェブサイト上で提供されている[　]は、自分の性格を自動的に診断する
もの、自分の生活習慣を入力するとどのような病気になりやすいか、あるいはすでにその病気にかかっているかなどを自動的に診断することができるプログラムなどのことである。

A：キャラクターリスト
B：クエスチョンリスト
C：チェックオプション
D：チェックリスト

**正解**　C：[1]EPUB　[2]オープンフォーマット

　　EPUBとは電子書籍のファイルフォーマットです。オープンフォーマットのため、特定のハードウェアに縛られずに読み込めることが特徴です。EPUBを読み込めるアプリがインストールされていれば、どの端末でも読むことが可能です。

**正解**　D：チェックリスト

　　「チェックリスト」とは業務内容や手順を項目にし、レ点を入れて、その作業を漏れなく実施するためのリストのことです。ウェブサイト上で提供されているチェックリストは、自分の性格を自動的に診断するもの、自分の生活習慣を入力するとどのような病気になりやすいか、あるいはすでにその病気にかかっているかなどを自動的に診断することができるプログラムなどのことです。

## 第16問

Q 自社サイト、自社ブログ、メールマガジンなどは何と呼ばれるか? 最も適切な語句をABCDの中から1つ選びなさい。

A：アーンドメディア

B：オウンドメディア

C：ペイドメディア

D：ソーシャルメディア

## 第17問

Q リスティング広告、ディスプレイ広告などは何と呼ばれるか? 最も適切な語句をABCDの中から1つ選びなさい。

A：アーンドメディア

B：オウンドメディア

C：ペイドメディア

D：ネットワークメディア

**正解** B：オウンドメディア

　オウンドメディアは「自社メディア」のことであり、自社サイト、自社ブログ、メールマガジンなど、企業が直接所有して自由に情報発信できる媒体です。コンテンツマーケティングをすることにより、自社メディアに集客力のあるコンテンツを資産として蓄積することが目指せます。

**正解** C：ペイドメディア

　広告料金や掲載料金を支払うことによって利用できるメディアで、検索エンジン連動型広告（リスティング広告）、ディスプレイ広告などの純粋な広告の他、ポータルサイトへの情報掲載、記事広告なども含まれます。

**第18問**

Q 次の文中の空欄[1]、[2]、[3]に入る最も適切な語句の組み合わせを
ABCDの中から1つ選びなさい。

サイトを訪問した[1]に無料コンテンツの存在を知ってもらうためには、ユーザーが検索エンジンなどの他のサイトからたどり着いて最初に目にする

ページ、つまり[2]上の目立つ場所に無料コンテンツをユーザーが入手できることを知らせるための[3]を設置することが有効である。

A：[1]ユーザー 　　　　　[2]トップページ 　　　　　[3]デザイン
B：[1]検索エンジン 　　　[2]ランディングページ 　　[3]シグナル
C：[1]ユーザー 　　　　　[2]ランディングページ 　　[3]リンク
D：[1]クローラー 　　　　[2]トップページ 　　　　　[3]デザイン

**正解**　C：[1]ユーザー　　[2]ランディングページ　　[3]リンク

　サイトを訪問したユーザーに無料コンテンツの存在を知ってもらうためには、ユーザーが検索エンジンなどの他のサイトからたどり着いて最初に目にするページ、つまりランディングページ上の目立つ場所に無料コンテンツをユーザーが入手できることを知らせるためのリンクを設置することが有効です。

# 第 3 章

## SEO
## （検索エンジン最適化）

## 第19問

Q 次の文中の空欄[1]と[2]に入る最も適切な語句の組み合わせをABCD の中から1つ選びなさい。

1回目

[1]を実施することにより、検索結果1ページ目の上位に自社サイトを表示することが可能になる。それにより、[2]だけに依存しなくても検索エンジンからの集客が可能になり、採算割れをせずに利益を出すことが目指せるようになる。

2回目

3回目

A：[1]SEO　　　　　　　　　　　[2]リスティング広告
B：[1]コンテンツマーケティング　　[2]動画広告
C：[1]SEO　　　　　　　　　　　[2]動画広告
D：[1]SNS運用　　　　　　　　　[2]ウェブデザイン

## 第20問

Q 次の文中の空欄[1]と[2]に入る最も適切な語句の組み合わせをABCD の中から1つ選びなさい。

1回目

GoogleはGoogle検索の[1]がどのように決められているのかを詳しくは公表してはいない。一部[2]という形でGoogleが決めたルールの範囲内で検索エンジン最適化(SEO)をしてもよいという指針は公表している。

2回目

3回目

A：[1]検索順位　　　[2]アウトライン
B：[1]アウトライン　[2]ガイドブック
C：[1]検索順位　　　[2]ガイドライン
D：[1]アウトライン　[2]アルゴリズム

**正解** A：[1]SEO　[2]リスティング広告

　SEOを実施することにより、検索結果1ページ目の上位に自社サイトを表示することが可能になります。それにより、リスティング広告だけに依存しなくても検索エンジンからの集客が可能になり、採算割れをせずに利益を出すことが目指せるようになります。

**正解** C：[1]検索順位　[2]ガイドライン

　GoogleはGoogle検索の検索順位がどのように決められているのかを詳しくは公表していません。一部「ガイドライン」という形でGoogleが決めたルールの範囲内で検索エンジン最適化（SEO）をしてもよいという指針は公表しています。

## 第21問

Q Googleが各ウェブサイトのアクセス数を把握する方法として最も可能性が
高いものはどれか? ABCDの中から1つ選びなさい。

A：エンゲージメント数

B：パフォーマンス率

C：クリック数

D：インデックス率

## 第22問

Q 「暗黙のユーザーフィードバックに基づく検索結果の順位の変更」という特
許はどのような特許か? 最も可能性が高いものをABCDの中から1つ選
びなさい。

A：Googleの検索結果ページ上に表示されている各サイトの信頼性
がどの程度あるのか

B：Googleの検索結果ページ上に表示されている各サイトへのソー
シャルメディアからの流入がどのくらいあるのか

C：Googleの検索結果ページ上に表示されている各サイトへのリン
ク数がどのくらいあるのか

D：Googleの検索結果ページ上に表示されている各サイトへのリン
クをクリックしたユーザーが何秒間で戻ってくるか

正解　C：クリック数

　Googleはどのようにサイトのアクセス数を把握しているのでしょうか。最も可能性として高いのが、Googleの検索結果ページに表示されている各サイトへのリンクがどれだけユーザーにクリックされているかというクリック数を見て評価しているということです。

　Googleは検索結果ページ上に表示されている各サイトへのリンクのクリック数を常時記録しています。このことは、サイト運営者が無料で使えるサーチコンソールというツールにある「検索パフォーマンス」というデータを見ると明らかです。

正解　D：Googleの検索結果ページ上に表示されている各サイトへのリンクをクリックしたユーザーが何秒間で戻ってくるか

　「暗黙のユーザーフィードバックに基づく検索結果の順位の変更」という特許を見ると、Googleは検索結果ページ上に表示されている各サイトへのリンクをクリックしたユーザーが何秒間で戻ってくるかを記録しているということがわかります。

**第23問**

 Q PBNとは何か？　ABCDの中から1つ選びなさい。

 1回目

A：自社ブログを多数の質が高いサイトから一定期間内に自然にリンクされる行為

 2回目

B：1つのトピックに関する情報を集めた特化型ブログネットワーク

C：自作自演で質が低い記事を乱造し、それらから自分のウェブページにリンクを張る行為

 3回目

D：Googleが特に高く評価する高品質なブログネットワーク

**第24問**

Q Googleが被リンクにおいて高く評価するリンクの特徴とは次のうちどれの可能性が最も高いか？　ABCDの中から1つ選びなさい。

 1回目

A：料理ブログからの住宅リフォームのサイトへのリンク

 2回目

B：住宅リフォームのサイトからウインタースポーツのサイトへのリンク

 3回目

C：ウインタースポーツのサイトからスキーに関するサイトへのリンク

D：性病に関するサイトから相撲に関するサイトへのリンク

**正解**　C：自作自演で質が低い記事を乱造し、それらから自分のウェブページにリンクを張る行為

　　Googleは自作自演による被リンクや質が低いサイトからの被リンクを評価しないように努力しています。

　　自作自演の被リンクというのは、自社サイトを上位表示させるために、たくさんのサイトやブログを作り質が低い記事を乱造し、それらの記事から上位表示を目指す自分のウェブページにリンクを張る行為のことをいいます。

　　Googleはこうした自作自演で自分のブログを他のブログからリンクすることを「PBN：プライベートブログネットワーク」と呼び、評価から除外することに努めています。

**正解**　C：ウインタースポーツのサイトからスキーに関するサイトへのリンク

　　Googleは関連性が高いサイトからの被リンクを高く評価します。たとえば、スキーに関するサイトが相撲のサイトや、まったく関連性のない性病に関するサイトや住宅リフォームのサイトからリンクを張られるよりも、同じスキーに関するものか、ウインタースポーツのサイトからリンクを張られるほうが評価が伴ったリンクであるはずだという考え方です。

## 第25問

Q 次の文中の空欄[　]に入る最も適切な語句をABCDの中から1つ選びなさい。

1回目

Googleは公式サイト上ではっきりと、[　]張ったリンクは被リンクとして評価しないと述べている。

2回目

3回目

A：金銭を受け取って
B：表示速度が遅いサイトから
C：トラフィックを受け取って
D：海外のサイトから

## 第26問

Q SEOの内部対策における3大エリアに含まれにくいものは次のうちどれか? ABCDの中から1つ選びなさい。

1回目

A：メタディスクリプション
B：タイトルタグ

2回目

C：H1タグ
D：メタキーワード

3回目

**正解**　A：金銭を受け取って

　　Googleは公式サイト上ではっきりと、金銭を受け取って張ったリンクは被リンクとして評価しないと述べています。

**正解**　D：メタキーワード

　　内部対策にはいろいろな手法がありますが、その中でも昔から最も重要なポイントが3大エリアの対策です。3大エリアというのはウェブページのソースコード内に記述されている次の3つをいいます。
・タイトルタグ
・メタディスクリプション
・H1タグ

## 第27問

 次の文中の空欄［　］に入る最も適切な語句をABCDの中から1つ選びなさい。

HTMLソース内のタイトルタグの部分には、そのページの目標キーワードを［　］程度含めたそのページの表題とサイト名を書くことがSEOにプラスになることが考えられる。

1回目

2回目

3回目

A：最低0回、最大でも1回
B：最低1回、最大でも2回
C：最低2回、最大でも3回
D：最低3回、最大でも4回

## 第28問

 次の文中の空欄［　］に入る最も適切な語句をABCDの中から1つ選びなさい。

HTMLソース内のH1タグの部分には、そのページの目標キーワードを［　］程度含めることがSEOにプラスになることが考えられる。

1回目

2回目

3回目

A：1回
B：2回
C：3回
D：4回

正解　B：最低1回、最大でも2回

　　HTMLソース内の<title>と</title>というタグで囲われた部分がタイトルタグといわれる部分です。そこには、そのページの目標キーワード(=自分が上位表示を目指す検索キーワード)を最低1回、最大でも2回程度含めたそのページの表題とサイト名を書くようにしましょう。

正解　A：1回

　　HTMLソース内の<h1>と</h1>というタグで囲われた部分がH1タグといわれる部分です。そこには、そのページを何という目標キーワード(=自分が上位表示を目指す検索キーワード)を1回まで含めたその記事の表題を書くようにしましょう。

## 第29問

Q 次の文中の空欄[ ]に入る最も適切な語句をABCDの中から1つ選びなさい。

人気のCMSであるWordPressで記事ページの3大エリアの各項目を効率的に設定するためには[ ]という無料のプラグインをWordPressにインストールするとよいと考えられている。

A：Anyone SEO Pack

B：All in All SEO Pack

C：All in Three SEO Pack

D：All in One SEO Pack

## 第30問

Q 次の文中の空欄[1]と[2]に入る最も適切な語句の組み合わせをABCDの中から1つ選びなさい。

Googleの検索順位が決まる基準の1つは[1]が高いか低いかという基準である。[1]とは[2]とGoogleが判断するというものである。

A：[1]E-A-A-T

　　[2]Experience、Audience、Authoritativenessが コンテンツ内にあると、Trustできるコンテンツだ

B：[1]E-E-A-T

　　[2]Experience、Expertise、Authoritativenessが コンテンツ内にあると、Trustできるコンテンツだ

C：[1]E-E-E-T

　　[2]Experience、Expertise、Experimentがコンテンツ内にあると、Trustできるコンテンツだ

D：[1]E-A-A-T

　　[2]Experience、Alliance、Authoritativenessが コンテンツ内にあると、Trustできるコンテンツだ

正解　D：All in One SEO Pack

　人気のCMSであるWordPressで記事ページのタイトルタグ、メタディスクリプション、その他項目を効率的に設定するためには「All in One SEO Pack」という無料のプラグインをWordPressにインストールするとよいでしょう。

　「All in One SEO Pack」がインストールされている状態で。タイトルタグとメタディスクリプションを編集するにはサイトの管理画面にログインします。そして記事を書くときに画面の下のほうにある「タイトル」という欄にタイトルタグに記述する文言を入力し、「説明」という欄にメタディスクリプションに記述する文言を入力しましょう。

正解　B：[1]E-E-A-T
　　　　[2]Experience、Expertise、Authoritativenessが　コンテンツ内にあると、Trustできるコンテンツだ

　Googleの検索順位が決まる基準の1つはE-E-A-Tが高いか低いかという基準です。E-E-A-Tとは次の4つの単語の略です。「Experience（経験）」「Expertise（専門性）」「Authoritativeness（権威性）」がコンテンツ内にあると、「Trust（信頼）」できるコンテンツだとGoogleが判断します。

### 第31問

Q 次の文中の空欄[　]に入る最も適切な語句をABCDの中から1つ選びなさい。

[　]とは、ウェブサイトやコンテンツの作成者が特定の分野の専門家として認められる性質を持っているかという意味である。

1回目

2回目

3回目

A：Expertise

B：Experiment

C：Experts

D：Exclusion

### 第32問

Q サイトの権威性を高めてGoogle検索で上位表示をするための効果的な方法として、最も正しいと思われるものをABCDの中から1つ選びなさい。

1回目

2回目

3回目

A：その分野に関するトピックで頻繁にブログを更新する。

B：学術的で権威性の高い情報を中心にコンテンツを提供する。

C：その分野で権威のある団体や学術機関からリンクを張ってもらう。

D：ランダムなサイトから多数のリンクを取得する。

**正解**　A：Expertise

　Expertise（専門性）とは、ウェブサイトやコンテンツの作成者が特定の分野の専門家として認められる性質を持っているかという意味です。この性質をGoogleやユーザーに認めてもらうためには、その分野での職歴や学歴、または豊かな経験があり専門知識があることをウェブページ内、あるいはそこからリンクされたページ上で最大限アピールする必要があります。

　具体的には、ウェブページ内の目立つ部分にコンテンツの著者の肩書、氏名を載せること、そして氏名の部分をクリックすると著者のプロフィールページに飛ぶリンクを張ることが効果的です。

**正解**　C：その分野で権威のある団体や学術機関からリンクを張ってもらう。

　Authoritativeness（権威性）とは、ウェブサイトやコンテンツの作成者は、特定の分野において多くの人に認められている存在であるかという基準です。権威性を認めてもらうための効果的な方法の1つは、その分野で権威のある団体、組織、学術機関、企業などのサイトからリンクを張ってもらい紹介してもらうことです。

## 第33問

Q 次の文中の空欄[1]と[2]に入る最も適切な語句の組み合わせをABCD の中から1つ選びなさい。

Googleが公表している[1]によると、[2]に関わるジャンルは特に信頼性が 求められているということがわかっている。

A：[1]Gender Guidelines　　　[2]YLYN

B：[1]General Guidances　　　[2]YMYL

C：[1]General Analytics　　　[2]YLYM

D：[1]General Guidelines　　　[2]YMYL

## 第34問

Q 次の文中の空欄[1]と[2]に入る最も適切な語句の組み合わせをABCD の中から1つ選びなさい。

Googleは信頼できるコンテンツかどうかを[1]だけでなく、専任のスタッフが マニュアルに基づいて目視でチェックしているといわれている。[2]コンテン ツを作ることを避けて、経験やデータなどの根拠に基づいた記事を書くこ とが求められる。

A：[1]アナリティクス　　　[2]ChatGPTや画像生成AIだけで

B：[1]アルゴリズム　　　　[2]憶測や推測だけで

C：[1]アナリティクス　　　[2]想像や予想だけで

D：[1]アルゴリズム　　　　[2]ChatGPTやBingだけで

**正解** D：[1]General Guidelines　[2]YMYL

　Googleが公表しているGeneral Guidelines（品質評価ガイドライン）によると、YMYL（Your Money Your Life：人々の経済と生活）に関わるジャンルは特に信頼性が求められているということがわかっています。

**正解** B：[1]アルゴリズム　[2]憶測や推測だけで

　Googleは信頼できるコンテンツかどうかをアルゴリズムだけでなく、専任のスタッフがGoogle General Guidelinesなどのマニュアルに基づいて目視でチェックしているといわれています。憶測や推測だけでコンテンツを作ることを避けて、経験やデータなどの根拠に基づいた記事を書くことが求められます。

## 第35問

Q ブログを自社サイト内に設置することの利点として、正しいものをABCDの中から1つ選びなさい。

A：自社サイトのデザインをより魅力的にする。

B：ブログ記事の増加で自社サイトの評価が上がる。

C：自社サイトの訪問者数が自動的に増加する。

D：ブログの記事内容が自動的に質が高まる。

## 第36問

Q 検索エンジンで上位表示するブログ記事を書く際の正しい考え方として、ABCDの中から最も適切なものを選びなさい。

A：自分が興味を持つトピックだけを長期的に集中して書く。

B：国内だけでなく、世界的に人気のあるトピックを選ぶ。

C：見込み客のニーズや疑問、悩みを想像し、それを満たす内容を書く。

D：他のブログやウェブサイトがどのように書いているかを模倣する。

正解　B：ブログ記事の増加で自社サイトの評価が上がる。

　ブログは、自社サイト内に設置したほうが良いです。そうすることで、ブログに記事ページを増やせば増やすほど、自社サイトのページとして検索エンジンが認識してくれて自社サイトの評価が高まりやすくなります。

正解　C：見込み客のニーズや疑問、悩みを想像し、それを満たす内容を書く。

　検索エンジンで上位表示するブログ記事のライティングをするには、自分が書きたいこと、書きやすい内容の記事を書くという考えでは失敗します。こうした自分本位の考えではなく、見込み客が何について知りたいのか、どんなことに疑問を持っているのか、どんな悩みを抱えているかを想像して、それらのニーズを満たす記事を書くという発想が必要です。

**第37問**

**Q**

次の文中の空欄[　]に入る最も適切な語句をABCDの中から1つ選びなさい。

1回目

新しい記事を多くの人たちに読んでもらうための手法の1つとしてソーシャルメディアを使って告知するというものがある。ソーシャルメディアにはいろいろなサービスがあるが、新しい記事の告知に適しているものとしては[　]がある。

2回目

3回目

A：FacebookとTwitter

B：YouTubeとLINEプラス

C：PinterestとInstagram

D：LinkedinとTikTok

**第38問**

**Q**

次の文中の空欄[　]に入る最も適切な語句をABCDの中から1つ選びなさい。

1回目

[　]を増やす方法として有効なのが、サイト内にあるアクセス数が多いページから新しく作った記事ページにリンクを張るという手法である。

2回目

A：サイト内検索

3回目

B：レビュー投稿

C：サイト内リンク

D：外部リンク

**正解**　A：FacebookとTwitter

　新しい記事を多くの人たちに読んでもらうための手法の最後は、ソーシャルメディアを使って告知するというものです。ソーシャルメディアにはいろいろなサービスがありますが、新しい記事の告知に適しているものとしてはFacebookとTwitterがあります。

**正解**　C：サイト内リンク

　サイト内リンクを増やす方法として有効なのが、サイト内にあるアクセス数が多いページから新しく作った記事ページにリンクを張るという手法です。サイト内でアクセス数が多いページとしては、ウェブサイトのトップページや、その中に設置されたブログのトップページなどがあります。

## 第39問

Q 次の文中の空欄［　］に入る最も適切な語句をABCDの中から1つ選びなさい。

［　］を使うとGoogleのキーワード予測データを取得することができる。

A：キーワードサジェストツール

B：キーワードダイジェストツール

C：キーワードサプライツール

D：キーワードサーチツール

## 第40問

Q 最短でGoogleのSEOで大きな成果を上げるために記事化したほうがよい記事テーマに最も含まれにくい組み合わせはどれか？　ABCDの中から1つ選びなさい。

A：ニュースの解説、○○の種類

B：複数の商品・サービスの厳選まとめ・比較・ランキング、相談事例の報告

C：○○の期限、検討するもの

D：体験談、商品・サービスのレビュー・感想

正解 A：キーワードサジェストツール

　　キーワードサジェストツールを使うとGoogleのキーワード予測データを取得することができます。

正解 じ：○○の期限、検討するもの

　　最短でGoogleのSEOで大きな成果を上げるには、Googleキーワードプランナーやキーワードサジェストツールで発見したキーワードが次のテーマのいずれかに当てはまる場合は、そのテーマで記事化したほうが上位表示の可能性が増します。

・ニュースの解説
・意味の解説
・○○する方法の解説
・メリットとデメリットの解説
・成功事例、失敗事例の報告
・相談事例の報告
・価格や料金の相場
・AとBの違いの解説
・商品・サービスのレビュー・感想
・複数の商品・サービスの厳選まとめ・比較・ランキング
・体験談
・○○の種類
・○○の期間
・準備するもの

## 第41問

Q 次の文中の空欄[1]と[2]に入る最も適切な語句の組み合わせをABCD の中から1つ選びなさい。

1回目

2回目

3回目

検索ユーザーは意味の解説をしている記事を探していることがある。しかし、ただ単に辞書的な意味、つまり[1]を解説するだけの記事を書くだけだと他のサイトやブログでも同じ辞書を見て記事を書いている場合が多いため、[2]コンテンツにはならず上位表示が困難になる。

A：[1]意義　　　[2]信用性の高い

B：[1]定義　　　[2]独自性の高い

C：[1]意味　　　[2]正確性の高い

D：[1]定義　　　[2]実用性の高い

## 第42問

Q ニュース解説記事を書く際に、読者に読まれやすい記事の構成は何か? ABCDの中から1つ選びなさい。

1回目

2回目

3回目

A：「ニュースの概要」を最初に書いて、「読者に及ぼすと思われる影響」、「影響に対応するための対策を提案する」の順番で書く

B：「影響に対応するための対策を提案する」を最初に書いて「読者に及ぼすと思われる影響」、「ニュースの概要」の順番で書く

C：「ニュースの概要」を最初に書いて、「影響に対応するための対策を提案する」、「読者に及ぼすと思われる影響」の順番で書く

D：「読者に及ぼすと思われる影響」を最初に書いて、「ニュースの概要」、「影響に対応するための対策を提案する」の順番で書く

**正解** B：[1]定義　[2]独自性の高い

　検索ユーザーは意味の解説をしている記事を探していることがあります。

　しかし、ただ単に辞書的な意味、つまり定義を解説するだけの記事を書くだけだと他のサイトやブログでも同じ辞書を見て記事を書いている場合が多いため、独自性の高いコンテンツにはならず上位表示が困難になります。この問題を回避するためには自分のブログならではの付加価値を加えることです。単に意味を説明するだけの記事だと200文字前後の文字数が非常に少ないページになってしまいます。

**正解** A：「ニュースの概要」を最初に書いて、「読者に及ぼすと思われる影響」、「影響に対応するための対策を提案する」の順番で書く

　ニュース解説記事はウェブ上で人気のあるコンテンツです。国内や海外のニュースで自分の見込み客に何らかの影響を及ぼしそうなニュースを見つけたらニュース解説記事を書きましょう。

　ニュース解説記事の構成は次の要素で構成すると読みやすい記事になります。
①ニュースの概要
②読者に及ぼすと思われる影響
③影響に対応するための対策を提案する

## 第43問

Q 次の文中の空欄[1]と[2]に入る最も適切な語句の組み合わせをABCD
の中から1つ選びなさい。

1回目

手順を説明する記事を書くときは読者にはその分野の背景知識がまったく
ないことを前提に[1]の多用を避け、やむを得ず[1]を使うときはその[2]

2回目

の解説をしながら文章を書くとよい。

3回目

A：[1]専門分野　　　[2]用語
B：[1]専門用語　　　[2]用法
C：[1]専門知識　　　[2]用法
D：[1]専門用語　　　[2]用語

## 第44問

Q Googleが記事を評価する上で近年、特に重視しているポイントは何か？
最も適切なものをABCDの中から1つ選びなさい。

1回目

A：記事の長さ

2回目

B：記事に含まれるキーワードの数

C：記事の著者情報

3回目

D：記事にあるリンクの数

**正解** D：[1]専門用語　[2]用語

　　手順を説明する記事を書くときは読者にはその分野の背景知識が
まったくないことを前提に専門用語の多用を避け、やむを得ず専門用
語を使うときはその用語の解説をしながら文章を書くとよいでしょう。
ただし、説明にたくさんの文章を要するようなときは別ページでその
ことを解説してそのページに関連情報としてサイト内リンクを張るよ
うにしましょう。

**正解** C：記事の著者情報

　　Googleが記事内で近年重視しているのは誰がその記事を書いた
のかという著者情報です。その理由は、どんなに内容的に素晴らしい
記事であってもそこに書かれている内容が事実と異なるものであれ
ばその情報は危険な情報になります。

　　たとえば、飼い猫の具合が悪いので、スマホでGoogle検索した
ユーザーがいたとします。そして検索結果上位に表示されていた記事
ページに書かれていたアドバイス通りにした結果、猫の具合がさらに
悪化するということもあり得ます。

## 第45問

Q ブログ記事のリード文で読者の興味を引きつけるために最も避けるべき文章の特徴はどれか？　ABCDの中から1つ選びなさい。

1回目

2回目

3回目

A：読者の疑問を解決する情報を提示する

B：専門用語を多く使い権威性を示す

C：自分の経験やエピソードを共有する

D：読者の気持ちや興味を予測して書く

## 第46問

Q 次の文中の空欄[　]に入る最も適切な語句をABCDの中から1つ選びなさい。

1回目

2回目

Googleがコンテンツを評価する際に重視している信頼性を満たす工夫としては、記事内で主張する意見や説明の根拠を[　]という形で示すことが有効である。

3回目

A：出演、または参考コンテンツ

B：出典、または参考サイト

C：出所、または信用サイト

D：出典、または参考コンテンツ

**正解**　B：専門用語を多く使い権威性を示す

　記事の冒頭に書く文章で、それ以降の本文を読んでもらうために読者を誘う役割を果たすのがリード文です。

　そこでは極力、上から目線で一方的なことを書くのではなく、読者の今の状況に共感したり、自分も読者と同じような苦労をしてきたというようなことを書くとその下にある本文を読み進めてくれるチャンスが増大します。

**正解**　B：出典、または参考サイト

　Googleがコンテンツを評価する際に重視しているTrustworthiness（信頼性）を満たす工夫としては、記事内で主張する意見や説明の根拠を「出典」、または「参考サイト」「参考情報」「情報元」という形で示すことです。

　たとえば、記事内で起立性調節障害の特徴を書いた場合はそれが事実であるという根拠を発表している外部の信頼性が高い、できれば権威のあるサイトに外部リンクを張ることが有効です。

## 第47問

Q 次の文中の空欄[1]と[2]に入る最も適切な語句の組み合わせをABCD
の中から1つ選びなさい。

新しいページが完成したらサーチコンソールを使ってGoogleにページの存
在を伝えることが可能である。それをするには、新しいページのURLを[1]

というところに入力し、Enterキーを押し、その後に[2]というリンクが表示
されるのでそのリンクをクリックすると登録リクエストの手続きが完了する。

A：[1]URL検査　　　[2]インデックス登録をリクエスト

B：[1]URL審査　　　[2]インテックス登録をリクエスト

C：[1]URL検査　　　[2]クロールをリクエスト

D：[1]URL審査　　　[2]クロールチェックをリクエスト

**正解**　A：[1]URL検査　[2]インデックス登録をリクエスト

　新しいページが完成したらサーチコンソールを使ってGoogleにページの存在を伝えることが可能です。それをするには、新しいページのURLを「URL検査」というところに入力し、Enterキーを押します。その後に「インデックス登録をリクエスト」というリンクが表示されるのでそのリンクをクリックすると登録リクエストの手続きが完了します。

# 第 4 章

## ソーシャルメディア
## マーケティング

## 第48問

**Q** プラットフォームとは何を指す言葉か？　最も適切なものをABCDの中から
1つ選びなさい。

1回目

2回目

3回目

A：特定の企業の製品やサービスを指す

B：共通の土台となる標準環境を指す

C：インフラストラクチャーの専門的な内容を指す

D：特定のソフトウェアのバージョンを指す


## 第49問

**Q** ソーシャルメディアマーケティングの主な戦略に最も含まれにくいものはどれ
か？　ABCDの中から1つ選びなさい。

1回目

2回目

3回目

A：コミュニティの構築

B：ソーシャルリスニング

C：広告主とのコミュニケーション

D：コンテンツの投稿

**正解**　B：共通の土台となる標準環境を指す

　「プラットフォーム」(platform)とは、他の企業や個人が自らの製品
やサービスを提供できる共有のインフラストラクチャーのことをいい
ます。「インフラストラクチャー」(infrastructure)とは生活や産業活
動の基盤のことです。もともとプラットフォームとは、サービスやシス
テム、ソフトウェアを提供・カスタマイズ・運営するために必要な「共
通の土台(基盤)となる標準環境」を指す言葉です。

**正解**　C：広告主とのコミュニケーション

　ソーシャルメディアマーケティングの主な戦略と手法には次のもの
があります。
・コンテンツの投稿
・ユーザー生成コンテンツの活用
・コミュニティの構築
・顧客とのコミュニケーション
・インフルエンサーマーケティング
・ソーシャルリスニング
・広告とプロモーション
・分析と評価

## 第50問

Q なぜ近年になってソーシャルメディアマーケティングの重要性が高まっているのか？　最も適切な理由をABCDの中から1つ選びなさい。

1回目

2回目

3回目

A：クリック保証型などのSNS広告の費用が安いため

B：消費者がブランド情報を探しているため

C：テレビやラジオの広告に未だ少しだけ効果があるため

D：ソーシャルメディアが新しい技術を導入しているため

## 第51問

Q SNSで情報発信が増えた結果、Googleでのどの種類の検索が増加する可能性が高いか？　最も可能性が高いものをABCDの中から1つ選びなさい。

1回目

2回目

3回目

A：推定検索

B：評価検索

C：匿名検索

D：指名検索

## 第52問

Q 次の文中の空欄[　]に入る最も適切な語句をABCDの中から1つ選びなさい。

1回目

2回目

3回目

サイト上にSNSの[　]を貼り付けることにより、その企業が活発に活動していることがターゲットユーザーの目に触れるようになる。それによりサイト運営者の信頼性が高まりサイトでの売り上げ増に貢献することがある。

A：タイムライン

B：ビデオパーツ

C：ボタン

D：ロゴリンク

**正解** B：消費者がブランド情報を探しているため

　ソーシャルメディアマーケティングの重要性は、消費者がブランドや製品に関する情報を求める際にソーシャルメディアを頼りにするようになってきているため非常に高まっています。

**正解** D：指名検索

　SNSで情報発信をすることにより、Googleでの指名検索が増えるようになります。SNSのユーザーがSNS内の投稿を見て初めて知った企業名やブランド名で検索することが多いからです。SNSを通じてはじめて知った企業名やブランド名のことを調べるためにGoogleに行って企業名やブランド名で検索をすることがあります。

**正解** A：タイムライン

　サイト上にSNSのタイムラインを貼り付けることにより、その企業が活発に活動していることがターゲットユーザーの目に触れるようになります。それによりサイト運営者の信頼性が高まりサイトでの売り上げ増に貢献します。

## 第53問

**Q** 次の文中の空欄[　]に入る最も適切な語句をABCDの中から1つ選びなさい。

ほとんどのSNS、ソーシャルメディアでは[　]から自社サイトにリンクを張ることができる。

A：キャプション内
B：プロフィール欄
C：動画内
D：サイトマップ

## 第54問

**Q** 次の文中の空欄[1]と[2]に入る最も適切な語句の組み合わせをABCDの中から1つ選びなさい。

LINE上で[1]カードの発行管理ができる。利用データの分析も可能で、来店や商品購入の特典として付与する[1]を、LINE公式アカウントで[2]できる機能がある。

A：[1]マイレージ　　　[2]発行・管理
B：[1]ポイント　　　[2]請求・購入
C：[1]マイレージ　　　[2]請求・購入
D：[1]ポイント　　　[2]発行・管理

**正解**　B：プロフィール欄

　ほとんどのSNS、ソーシャルメディアではプロフィール欄から自社サイトにリンクを張ることができます。また、Twitterや、Facebook、YouTubeなどは投稿したコンテンツ内から自由に自社サイト内にあるさまざまなページにリンクを張ることできるので、自社公式サイトの訪問者数を増やすことが可能です。

**正解**　D：[1]ポイント　[2]発行・管理

　LINE上でポイントカードの発行管理ができます。利用データの分析も可能です。来店や商品購入の特典として付与するポイントを、LINE公式アカウントで発行・管理できる機能です。獲得ポイントに応じて、企業・店舗側が設定した特典を受け取ることもできます。

## 第55問

Q Instagramの「通常投稿」は、どのような名称で知られているか？ 最も適切な語句をABCDの中から1つ選びなさい。

A：ストーリーズ投稿

B：ハイライト投稿

C：フィード投稿

D：リール投稿

## 第56問

Q 次の文中の空欄［　］に入る最も適切な語句をABCDの中から1つ選びなさい。

［　］投稿とは、最長90秒の縦型動画を作成、発見できる機能である。スマートフォンの全画面に表示される縦型の動画を投稿することができるもので、Instagramが扱うコンテンツの中でも非常に人気があり、通常の投稿よりも、拡散性が高いといわれている。

A：ストーリーズ

B：ハイライト

C：フィード

D：リール

**正解** C：フィード投稿

　フィード投稿とはInstagramの投稿の中で最も基本的なもので「通常投稿」とも呼ばれるものです。Instagramは画像や動画が中心のプラットフォームであるため、魅力的な画像や動画をフィードに投稿するとユーザーが見てくれて、もっとコンテンツを見たいと思ったユーザーがフォローをしてくれるようになります。

**正解** D：リール

　リール投稿とは、最長90秒の縦型動画を作成、発見できる機能です。スマートフォンの全画面に表示される縦型の動画を投稿することができます。リール動画はInstagramが扱うコンテンツの中でも非常に人気があり、通常のフィード投稿よりも、拡散性が高いといわれています。

## 第57問

Q 次の文中の空欄[1]と[2]に入る最も適切な語句の組み合わせをABCD の中から1つ選びなさい。

1回目

Instagramの[1]からのコメントやDMに対して適切で迅速な対応を行うと、 [1]とのコミュニケーションが円滑になり、[2]が築かれる。

2回目

3回目

A : [1]企業 [2]親密な関係

B : [1]運営会社 [2]経済関係

C : [1]フォロワー [2]信頼関係

D : [1]広告主 [2]共存関係

## 第58問

Q 次の文中の空欄[1]、[2]、[3]に入る最も適切な語句の組み合わせを ABCDの中から1つ選びなさい。

1回目

Facebookでは企業やブランド、有名人などが作成する公式ページがあ る。ユーザーは、[1]することで、ページをフォローすることになりページの

2回目

更新情報を自分の[2]に表示させることができる。個人用アカウントでの商 用利用は禁止されているため企業や団体がFacebookを[3]するには必

3回目

ずFacebookページを開設してそこで情報発信とフォロワーとやり取りをす る必要がある。

A : [1]ページを「いいね!」 [2]アカウント [3]長期利用

B : [1]ページを保存 [2]タイムライン [3]商用利用

C : [1]ページを「いいね!」 [2]タイムライン [3]商用利用

D : [1]ページを保存 [2]アカウント [3]個別利用

**正解** C：[1]フォロワー　[2]信頼関係

　InstagramのフォロワーからのコメントやDM（ダイレクトメッセージ）に対して適切で迅速な対応を行うと、フォロワーとのコミュニケーションが円滑になり、信頼関係が築かれます。

**正解** C：[1]ページを「いいね!」　[2]タイムライン　[3]商用利用

　企業やブランド、有名人などが作成する公式ページがあります。ユーザーは、ページを「いいね!」することで、ページをフォローすることになりページの更新情報を自分のタイムラインに表示させることができます。個人用アカウントでの商用利用は禁止されているため企業や団体がFacebookを商用利用するには必ずFacebookページを開設してそこで情報発信とフォロワーとやり取りをする必要があります。

　個人用アカウントでは広告を出すことや、アクセス解析ができませんが、Facebookページを開設するとこれらの機能を利用することができます。

**第59問**

**Q** 企業がLINE公式アカウント、Instagram、Twitter、FacebookなどのSNSに投稿する記事の適切な文体やライティング方法は、ターゲットユーザーやブランドのイメージによって異なるが、集客に効果的なライティング方法にはいくつかの共通点がある。それら共通点に含まれにくいものは次のうちどれか？　ABCDの中から1つ選びなさい。

```
1回目
```

```
2回目
```

```
3回目
```

A：クリエイティブなフレーズ

B：ターゲットユーザーに適した言葉遣い

C：差別化を避けた公共性を重視する表現

D：読者に共感を持たせる

**正解**　C：差別化を避けて公共性を重視する表現

　　企業がLINE公式アカウント、Instagram、Twitter、FacebookなどのやりかたのSNSに投稿する記事の適切な文体やライティング方法は、ターゲットユーザーやブランドのイメージによって異なります。ただし、集客に効果的なライティング方法にはいくつかの共通点があります。ツイートをライティングする際は次の点に注意しましょう。

・シンプルで明確な言葉
・差別化をするために個性を表現
・強調したいポイントを明確に
・クリエイティブなフレーズ
・ターゲットユーザーに適した言葉遣い
・アクションを促す言葉
・読者に共感を持たせる
・ポジティブな言葉
・ストーリーテリング
・信頼性を高める表現
・一貫性
・炎上を避ける

## 第60問

 ほとんどのSNSに存在する2つの主要な検索機能として正しい組み合わせをABCDの中から1つ選びなさい。

1回目

2回目

3回目

A：タイトル検索とコメント検索

B：キーワード検索とハッシュタグ検索

C：アカウント名検索とプロフィール情報検索

D：本文検索とプロフィール情報検索

## 第61問

 次の文中の空欄[　]に入る最も適切な語句をABCDの中から1つ選びなさい。

1回目

SNSでは[　]が重要な役割を果たす。テキストだけの投稿に比べて[　]が掲載されている投稿のほうがターゲットユーザーの目を引く。

2回目

3回目

A：インフォグラフィックや表

B：写真やイラスト

C：インフォグラフィックやリンク

D：画像や動画

正解　B：キーワード検索とハッシュタグ検索

　ほとんどのSNSには2つの検索機能があります。1つは通常のキーワード検索で、検索範囲は投稿のタイトルや本文、アカウント名、プロフィール情報、ハッシュタグなど、さまざまな要素に基づいて検索結果が表示されます。

　2つ目の検索機能はハッシュタグ検索です。ハッシュタグ検索とは、特定のハッシュタグ（「#」記号に続くキーワード）が含まれる投稿を検索する方法です。SNSではハッシュタグ検索をすると、そのハッシュタグが付けられた投稿のみが検索結果に表示されます。

正解　D：画像や動画

　SNSでは画像や動画が重要な役割を果たします。テキストだけの投稿に比べて画像や動画が掲載されている投稿のほうがターゲットユーザーの目を引きます。ターゲットユーザーに訴求する関連性が高い画像や動画を使用しましょう。

## 第62問

 次の文中の空欄[　]に入る最も適切な語句をABCDの中から1つ選びなさい。

1回目

コメント、いいね、シェアなどの[　]が高い投稿は、検索エンジンで上位表示されやすくなる。エンゲージメントを促す質問や意見募集などを取り入れて

2回目

ユーザーが何らかの形で参加できる投稿を心がけるべきである。

3回目

A：エンゲージメント
B：インボルブメント
C：アーギュメント
D：アクティビティ

## 第63問

 次の文中の空欄[　]に入る最も適切な語句をABCDの中から1つ選びなさい。

1回目

投稿内容をSNS内の検索エンジンで上位表示されるために有効な方法としてあるのが、[　]に上位表示を目指すキーワードを含め、自分のアカウン

2回目

トがどのような分野に関連しているかを明確に示すというものがある。

3回目

A：投稿入力フォーム
B：プロフィール
C：エントリーフォーム
D：特殊タグ入力欄

正解　A：エンゲージメント

　コメント、いいね、シェアなどのエンゲージメントが高い投稿は、検索エンジンで上位表示されやすくなります。エンゲージメントを促す質問や意見募集などを取り入れてユーザーが何らかの形で参加できる投稿を心がけましょう。

正解　B：プロフィール

　投稿内容をSNS内の検索エンジンで上位表示されるためには、プラットフォームごとに細かい違いはありますが、どのプラットフォームでも共通した対策があります。

　その1つとしてあるのが、プロフィールに上位表示を目指すキーワードを含め、自分のアカウントがどのような分野に関連しているかを明確に示すというものがあります。また、プロフィール画像やヘッダー画像もユーザーに訴求するものを設定することによりエンゲージメントを高めることができます。

## 第64問

 次の文中の空欄[1]と[2]に入る最も適切な語句の組み合わせをABCDの中から1つ選びなさい。

いくつかのSNSでの上位表示対策としてあるのが、検索数が多い[1]を記事内に記述すると、いくつものハッシュタグでの検索で上位表示しやすくなるというものがある。検索数が多い[1]は[2]などの調査ツールを使って調べることができる。

A：[1]ハッシュタグ　　　[2]Googleキーワードプランナー
B：[1]メタタグ　　　　　[2]Keyword Tooling
C：[1]アンカータグ　　　[2]Ubertool
D：[1]ハッシュタグ　　　[2]Keyword Tool

## 第65問

 次の文中の空欄[　]に入る最も適切な語句をABCDの中から1つ選びなさい。

[　]は、ユーザーが画像や動画を共有し、それらをコレクション（ボード）に整理することができるソーシャルメディアである。

A：はてなブックマーク
B：Yahoo!知恵袋
C：Linkedin
D：Pinterest

正解　D：[1]ハッシュタグ　[2]Keyword Tool

　いくつかのSNSでの上位表示対策としてあるのが、検索数が多い
ハッシュタグを記事内に記述すると、いくつものハッシュタグでの検索
で上位表示しやすくなるというものがあります。検索数が多いハッシュ
タグは「Keyword Tool」などの調査ツールを使って調べることができ
ます。

正解　D：Pinterest

　Pinterest（ピンタレスト）は、ユーザーが画像や動画を共有し、そ
れらをコレクション（ボード）に整理することができるソーシャルメディ
アです。

# 第 5 章

## 動画マーケティング

**第66問**

Q 動画マーケティングを実施するための戦略にはいくつかあるが、それらに最も該当しにくいものをABCDの中から1つ選びなさい。

A：品質が高い動画を制作する

B：ターゲットユーザーを理解する

C：動画MEOを実施する

D：適切な配信プラットフォームを選択する

**第67問**

Q 次の文中の空欄［　］に入る最も適切な語句をABCDの中から1つ選びなさい。

［　］とは、YouTube内の検索結果やおすすめ動画の一覧などに表示されるクリック可能な小さな画像のことである。動画コンテンツの内容をひと目で伝える「看板」として重要な役割を果たすので作成には一定の労力と時間をかける必要がある。

A：ビデオ紹介画像

B：サムネイル画像

C：コンテンツ画像

D：サマリー画像

**正解**　C：動画MEOを実施する

　　動画マーケティングを実施するには次のような要素があります。
・明確な目的を設定する
・適切な配信プラットフォームを選択する
・ターゲットユーザーを理解する
・ユーザーニーズを満たすコンテンツを作成する
・視聴者の共感を生むコンテンツを作る
・シンプルでわかりやすいメッセージを伝える
・品質が高い動画を制作する
・継続的な投稿をする
・動画SEOを実施する

**正解**　B：サムネイル画像

　　YouTubeにはサムネイル画像を設定します。「サムネイル画像」とは、YouTube内の検索結果やおすすめ動画の一覧などに表示されるクリック可能な小さな画像のことです。動画コンテンツの内容をひと目で伝える「看板」として重要な役割を果たすので作成には一定の労力と時間をかける必要があります。

## 第68問

Q 情報過多の時代に動画の制作を考慮する際に推奨されるアプローチは何か？　ABCDの中から1つ選びなさい。

A：1つの動画に複数のメッセージを含めて充実させること。

B：視聴者に合わせてメッセージの量を増やしていくこと。

C：動画の長さを増やしてすべてのメッセージを伝えること。

D：極力1つの動画では1つのメッセージを伝えること。

## 第69問

Q 次の文中の空欄[　]に入る最も適切な語句をABCDの中から1つ選びなさい。

YouTubeでは最低でも[　]の動画を自社のチャンネルに投稿しないと動画を投稿してもYouTube内での露出がほとんどされない。YouTubeをスタートする際は[　]の動画をまずストックとして投稿することを目指すべきである。

A：5本から50本

B：50本から100本

C：500本から1000本

D：5000本から1万本

正解　D：極力1つの動画では1つのメッセージを伝えること。

　　情報過多の時代にあるため、シンプルでわかりやすいメッセージを伝えることが重要です。1つの動画にたくさんのメッセージを詰め込むのではなく、極力1つの動画では1つのメッセージを伝えることに注力して、視聴者が確実にメッセージを受け取ってくれることを目指しましょう。

　　どうしても複数のメッセージを伝えたい場合は、動画をシリーズ化するなどして複数の動画に分けてメッセージを届けましょう。

正解　B：50本から100本

　　動画マーケティングは一度きりのものではなく、継続的に投稿することで顧客との関係を築き、ブランドの認知度を高めることができます。

　　特にYouTubeでは最低でも50本から100本の動画を自社のチャンネルに投稿しないと動画を投稿してもYouTube内での露出がほとんどされません。YouTubeをスタートする際は50本から100本の動画をまずストックとして投稿することを目指しましょう。

## 第70問

Q 動画の概要欄(説明欄)におけるキーワードの使用に関して、次のうち正しいのはどれか? ABCDの中から1つ選びなさい。

A:目標キーワードのみを使用すればよい。

B:類義語を使用してもアルゴリズムが同じ意味として解釈することがある。

C:概要欄は視聴者にのみ表示され、アルゴリズムには影響しない。

D:動画のタイトルと同じキーワードを使用する必要がある。

## 第71問

Q YouTubeのアルゴリズムにおいて、上位表示を目指す場合のキーワードの選び方に関する推奨されるアプローチは何か? ABCDの中から1つ選びなさい。

A:関連性の低いキーワードを多く使用することで多様性を持たせる。

B:話者が話している言葉と関連性が高いキーワードを設定する。

C:アルゴリズムの動作を重視して、タイトルにだけ注力する。

D:動画の内容と無関係でも、人気のあるキーワードを複数設定する。

**正解** B：類義語を使用してもアルゴリズムが同じ意味として解釈することがある。

　動画のタイトルだけでなく、動画の概要欄（説明欄）にも、上位表示を目指す目標キーワードを含めるようにしましょう。ただし、無理をして目標キーワードを含めるのではなく、類義語を含めればアルゴリズムが同じ意味だと解釈してくれることがあります。

**正解** B．話者が話している言葉と関連性が高いキーワードを設定する。

　YouTubeのアルゴリズムは、話者が話している言葉を自動的に文字起こしするなどして動画の内容を自動的に分析します。実際の動画の内容と関連性が高いキーワードなら上位表示しやすくなりますが、関連性が低い、またはないと上位表示は困難になります。必ず、動画に出てくる単語やキーワードを目標キーワードとして設定しましょう。

**第72問**

 Q 投稿した動画のユーザーエンゲージメントを高めるための推奨される手法は次のうちどれか？　ABCDの中から1つ選びなさい。

1回目

A：ユーザーニーズに関係なくオリジナルな動画を作成する。

2回目

B：「いいね」と「チャンネル登録」をテキストメッセージでお願いする。

C：エンゲージメントは自然に増加するので特に取り組む必要はない。

3回目

D：動画の内容は重要ではなく、広告だけに集中すれば良い。

**第73問**

 Q 次の文中の空欄［　］に入る最も適切な語句をABCDの中から1つ選びなさい。

1回目

同じYouTubeチャンネルの中に［　］動画を多数投稿すると上位表示しやすくなる。

2回目

A：関連性が高い

3回目

B：視認性が高い

C：芸術性が高い

D：革新性が高い

**正解**　B：「いいね」と「チャンネル登録」をテキストメッセージでお願いする。

　投稿した動画のユーザーエンゲージメントを高めるためには、ユーザーニーズを満たす内容の動画を作ることと、動画の中でいいねを押してもらうこと、チャンネル登録をしてもらうことを話者がお願いすることやテキストメッセージを表示してお願いすることも効果的です。

**正解**　A：関連性が高い

　同じYouTubeチャンネルの中に関連性が高い動画を多数投稿すると上位表示しやすくなります。たとえば、エステサロンが運営するチャンネルに、脱毛エステに関する動画を何十本も投稿するとアルゴリズムが評価してくれるようになり「脱毛エステ」や「脱毛」というキーワードで上位表示しやすくなります。

# 第6章

## オンライン広告

## 第74問

Q リスティング広告が検索結果の広告欄に表示される順位の決定要因に最も含まれにくいものはどれか？　ABCDの中から1つ選びなさい。

A：広告のリンク先ページの品質が高いか？

B：広告の品質が高いか？

C：希望入札額が他社よりも高いか？

D：検索エンジンが探している内容の広告であるか？

## 第75問

Q 次の文中の空欄[1]と[2]に入る最も適切な語句の組み合わせをABCDの中から1つ選びなさい。

リスティング広告だけで集客をするという考えは危険である。なぜなら広告の [1]が低いと実際には検索ユーザーの目には止まらないからである。[1]を高くするには広告の[2]を高めるだけではなく、希望入札価格の動向を絶えず監視して、入札金額を少しでも高くしていかねばならない。

A：[1]表示順位　　　　[2]品質

B：[1]検索順位　　　　[2]ユーザビリティー

C：[1]表示順位　　　　[2]権威性

D：[1]検索順位　　　　[2]視認性

**正解**　D：検索エンジンが探している内容の広告であるか?

　リスティング広告が検索結果の広告欄に表示される順位は主に次の4つの要因で決定されます。

・希望入札額が他社よりも高いか?

・広告の品質が高いか?

・広告のリンク先ページの品質が高いか?

・ユーザーが探している内容の広告であるか?

**正解**　A：[1]表示順位　[2]品質

　リスティング広告だけで集客をするという考えは危険です。なぜなら広告の表示順位が低いと実際には検索ユーザーの目には止まらないからです。表示順位を高くするには広告の品質を高めるだけではなく、希望入札価格の動向を絶えず監視して、入札金額を少しでも高くしていかねばなりません。

## 第76問

**Q** 次の文中の空欄[1]と[2]に入る最も適切な語句の組み合わせをABCD
の中から1つ選びなさい。

リスティング広告の表示順位が高くなり自社サイトへの訪問者数が増えたと
しても、[1]が低い場合や、商品そのものに魅力がなければ売り上げは増

えない。日ごろから[2]と、商品の魅力を高める努力が求められる。

A：[1]リンク元のコンテンツの品質
　　[2]リンク元のデザイン品質を高くすること

B：[1]リンク先のウェブページの品質
　　[2]リンク元の情報品質を高くすること

C：[1]リンク元のコンテンツの品質
　　[2]ウェブページの品質を高くすること

D：[1]リンク先のウェブページの品質
　　[2]ウェブページの品質を高くすること

## 第77問

**Q** 次の文中の空欄[1]と[2]に入る最も適切な語句の組み合わせをABCD
の中から1つ選びなさい。

SNS広告を出すときは、広告のターゲットとなるユーザー層を理解し、ユー
ザーに[1]広告コンテンツを作成するべきである。ターゲット層に合わないコ

ンテンツは、広告効果が低くなる可能性がある。[2]などしてターゲットユー
ザーの人物像を明確にするべきである。

A：[1]安心感やインスピレーションを持ってもらえる
　　[2]広告金額を設定する

B：[1]共感や興味を持ってもらえる
　　[2]ペルソナを設定する

C：[1]安心感や依存性を持ってもらえる
　　[2]ペルソナを設定する

D：[1]共感や興味を持ってもらえる
　　[2]表示時間帯を設定する

正解　D：[1]リンク先のウェブページの品質
　　　　[2]ウェブページの品質を高くすること

　リスティング広告の表示順位が高くなり自社サイトへの訪問者数が
増えたとしても、リンク先のウェブページの品質が低い場合や、商品
そのものに魅力がなければ売り上げは増えません。日ごろからウェブ
ページの品質を高くすることと、商品の魅力を高める努力が求められ
ます。

正解　B：[1]共感や興味を持ってもらえる　[2]ペルソナを設定する

　SNS広告を出すときは、広告のターゲットとなるユーザー層を理解
し、ユーザーに共感や興味を持ってもらえる広告コンテンツを作成し
ましょう。ターゲット層に合わないコンテンツは、広告効果が低くなる
可能性があります。ペルソナを設定するなどしてターゲットユーザー
の人物像を明確にしましょう。

## 第78問

Q SNS広告の利用方法は、プラットフォームによって異なるが一定の手順がある。その手順として最も適切なものはどれか? ABCDの中から1つ選びなさい。

1回目

2回目

3回目

A：広告予算と入札設定→ターゲット層の設定→広告プラットフォームの選定→広告アカウントの作成→広告フォーマットの選定→広告クリエイティブの制作→広告目的の設定→広告配信開始

B：広告クリエイティブの制作→ターゲット層の設定→広告プラットフォームの選定→広告アカウントの作成→広告フォーマットの選定→広告目的の設定→広告予算と入札設定→広告配信開始

C：広告配信開始→ターゲット層の設定→広告目的の設定→広告アカウントの作成→広告フォーマットの選定→広告クリエイティブの制作→広告予算と入札設定→広告プラットフォームの選定

D：広告目的の設定→ターゲット層の設定→広告プラットフォームの選定→広告アカウントの作成→広告フォーマットの選定→広告クリエイティブの制作→広告予算と入札設定→広告配信開始

## 第79問

Q 次の文中の空欄[ ]に入る最も適切な語句をABCDの中から1つ選びなさい。

YouTubeの[ ]広告は、短くて覚えやすいメッセージで幅広い視聴者にリーチするときに使用する。動画の再生前、再生中、または再生後に6秒以内で再生される。この広告をスキップすることはできません。

1回目

2回目

3回目

A：スクレイプ
B：ピンポイント
C：バンパー
D：インサイト

**正解**　D：広告目的の設定→ターゲット層の設定→広告プラットフォームの
　　選定→広告アカウントの作成→広告フォーマットの選定→広告ク
　　リエイティブの制作→広告予算と入札設定→広告配信開始

　SNS広告の利用方法は、プラットフォームによって異なりますが、
一般的に次のような手順で実施します。
①広告目的の設定
②ターゲット層の設定
③広告プラットフォームの選定
④広告アカウントの作成
⑤広告フォーマットの選定
⑥広告クリエイティブの制作
⑦広告予算と入札設定
⑧広告配信開始

**正解**　C：バンパー

　YouTubeのバンパー広告は、短くて覚えやすいメッセージで幅広
い視聴者にリーチするときに使用します。動画の再生前、再生中、ま
たは再生後に6秒以内で再生されます。この広告をスキップすること
はできません。

## 第80問

Q 次の文中の空欄[  ]に入る最も適切な語句をABCDの中から1つ選びなさい。

動画広告を利用する際の注意点も、SNSとほとんど同じだが、動画広告ならではのものとしては、動画の品質や編集、音楽、構成が[  ]ことが、視聴者の注意を引き付けるために重要である。

A：プロフェッショナルで魅力的である

B：情緒的でファッショナブル的である

C：高品質で若者的である

D：エモーショナルで叙情的である

## 第81問

Q 次の文中の空欄[1]、[2]、[3]に入る最も適切な語句の組み合わせをABCDの中から1つ選びなさい。

アドネットワーク広告は、[1]が[2]の初期の段階である「課題認識」から「興味」の段階で使われることが多いため、[2]の中期の段階である「興味」から「比較検討」の段階で使われる[3]と比べると、より広い潜在顧客層にアプローチすることができる広告形態である。

A：[1]ターゲットユーザー　　　[2]カスタマージャーニー
　　[3]リスティング広告

B：[1]ターゲットユーザー　　　[2]カスタマープラン
　　[3]動画広告

C：[1]プライマリーユーザー　　[2]カスタマーマインド
　　[3]SNS広告

D：[1]プライマリーユーザー　　[2]カスタマープランニング
　　[3]ディスプレー広告

正解 A：プロフェッショナルで魅力的である

　動画広告を利用する際の注意点も、SNSとほとんど同じですが、動画広告ならではのものとしては、動画の品質や編集、音楽、構成がプロフェッショナルで魅力的であることが、視聴者の注意を引き付けるために重要です。また、動画の冒頭で視聴者の興味を引く要素を盛り込み、適切な長さに抑えることも大切です。

　これらのポイントを押さえることで、企業は動画広告を効果的に活用し、集客やブランド認知度の向上につなげることが可能になります。

正解 A：[1]ターゲットユーザー　[2]カスタマージャーニー
　　　[3]リスティング広告

　アドネットワーク広告は、ターゲットユーザーがカスタマージャーニーの初期の段階である「課題認識」から「興味」の段階で使われることが多いため、カスタマージャーニーの中期の段階である「興味」から「比較検討」の段階で使われるリスティング広告と比べると、より広い潜在顧客層にアプローチすることができる広告形態です。

**第82問**

Q リターゲティング広告の具体的な例として、最も適切なものをABCDの中から1つ選びなさい。

A：ユーザーが映画の情報サイトを訪問した後、別のニュースサイトでその映画の広告が表示される。

B：ユーザーが自動車の情報サイトを訪問した後、そのサイト内でランダムに映画の広告が表示される。

C：ユーザーが好きな食べ物をアンケートで回答し、その結果に基づいてランダムな広告が表示される。

D：すべてのユーザーから少数のユーザーを選び、そのユーザーだけに集中的に企業の広告が表示される。

**第83問**

Q オンライン広告を利用する際の重要ポイントに最も含まれにくいものはどれか？ ABCDの中から1つ選びなさい。

A：効果測定と改善

B：効果的な広告コピーの作成

C：広告専用ページの作成

D：A/Dテスト

**正解** A：ユーザーが映画の情報サイトを訪問した後、別のニュースサイト
でその映画の広告が表示される。

　リターゲティング広告とは、1回以上サイトに訪れたことのあるユー
ザーを追跡して広告を配信することができる広告手法のことです。た
とえば、ある通販サイトを1回見た後にそのサイトの広告を別のサイ
トを訪問したときに目にするというものです。

**正解** D：A/Dテスト

　オンライン広告を利用する際には、次のような重要ポイントがあり
ます。
・効果的な広告コピーの作成
・広告専用ページの作成
・A/Bテスト
・効果測定と改善

**第84問**

Q アフィリエイターの主な目的に関する説明として、最も適切なものをABCDの中から1つ選びなさい。

A：自分のサイトに多くの人を集めること。

B：広告主のサイトでの申し込みを促すこと。

C：広告主の商材の品質を向上させること。

D：広告主との長期的なパートナーシップを築くこと。

正解　B：広告主のサイトでの申し込みを促すこと。

　アフィリエイターの目的は自分のサイトから広告主のサイトに見込み客を送り込んで、広告主のサイトで申し込みという行動を取ってもらうことです。

# 第 7 章

## メールマーケティング

## 第85問

**Q** パーミッションマーケティングに関する説明として、正しいものABCDの中から1つ選びなさい。

A：顧客の許可なしに受け手にわからないようにマーケティングを実施する手法。

B：見込み客や顧客が自発的に関心を持ち、情報を受け取ることに同意するマーケティング手法。

C：顧客が商品やサービスに関心を持つ前に情報を半永久的に提供する形式のマーケティング手法。

D：顧客とのコミュニケーションを避けるステルス的なマーケティング手法。

## 第86問

**Q** マーケティングにおける「オファー」の意味として、最も正確なものをABCDの中から1つ選びなさい。

A：売り手と買い手の長期的な信頼関係に基づく取引条件を指す。

B：常に無料で提供されるコンテンツのことを指す。

C：見込み客獲得のための無料コンテンツやお得な購入機会。

D：顧客に商品やサービスを許可を得ずに送付する手法。

**正解**　B：見込み客や顧客が自発的に関心を持ち、情報を受け取ることに同
意するマーケティング手法。

　「パーミッションマーケティング」とは、見込み客や顧客の許可を得
て行われるマーケティング手法で、見込み客や顧客が自発的に商品や
サービスに関心を持ち、情報を受け取ることに同意する形式のマーケ
ティングです。

**正解**　C：見込み客獲得のための無料コンテンツやお得な購入機会。

　オファーとは、ビジネス用語としては本来、売り手と買い手の取引
条件のことを意味しますが、マーケティングにおいては見込み客獲得
のために提示される無料コンテンツまたはお得な商品・サービスの購
入機会のことをいいます。

## 第87問

Q 次の文中の空欄[1]と[2]に入る最も適切な語句の組み合わせをABCD の中から1つ選びなさい。

[1]のメリットは、顧客を段階的に製品やサービスへ誘導することで、効果的に[2]を獲得し、購入につなげることができる点にある。また、顧客との関係を構築し、長期的な顧客ロイヤリティを築くことも可能である。

A：[1]ツーステップマーケティング　　　　[2]リード
B：[1]スリーステップマーケティング　　　[2]ブランド
C：[1]マルチプルマーケティング　　　　　[2]リーダー
D：[1]パーミションマーケティング　　　　[2]シード

## 第88問

Q ホテル業界のフロントエンドとして最も適切ではないものはどれか？ ABCDの中から1つ選びなさい。

A：期間限定や数量限定の特別な限定プラン
B：連泊することで割引が適用される連泊割引プラン
C：季節ごとに変わる特別プランやイベントに関連した季節別プラン
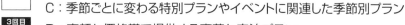
D：高額な価格帯で提供する豪華な宿泊プラン

**正解**　A：[1]ツーステップマーケティング　[2]リード

　ツーステップマーケティングのメリットは、顧客を段階的に製品やサービスへ誘導することで、効果的にリードを獲得し、購入につなげることができる点にあります。また、顧客との関係を構築し、長期的な顧客ロイヤリティを築くことも可能です。

　「リード」とは、「手がかり」や「きっかけ」という意味を持つ単語で、営業プロセスにおいては、見込み客であったり有効な顧客リストのことを意味します。

**正解**　D：高額な価格帯で提供する豪華な宿泊プラン

　ホテル業界のフロントエンドとしては次のようなものが適切です。
・手ごろな価格帯で提供する基本的な宿泊プラン
・季節ごとに変わる特別プランやイベントに関連した季節別プラン
・連泊することで割引が適用される連泊割引プラン
・期間限定や数量限定の特別な限定プラン

## 第89問

Q メールマーケティングで成功を収めるために、次の選択肢の中で最も重要なポイントとされているのはどれか？　ABCDの中から1つ選びなさい。

A：なるべく多くの人にメールを短期間で送ること。

B：送信するメールの本文が長いこと。

C：件名が読者の興味を引きつける内容であること。

D：送信するメールのデザインが華やかであること。

## 第90問

Q メールマーケティングをしている際に、許可を得たにもかかわらず苦情が来た場合の適切な対応は次のうちどれか？　ABCDの中から1つ選びなさい。

A：そのユーザーに対して再度メールを送信して説明をする。

B：お詫びをして、該当ユーザーを配信リストから削除する。

C：そのユーザーからのメールを無視して送り続ける。

D：メールの送信量を減少させて受信者の苦痛を緩和する。

**正解**　C：件名が読者の興味を引きつける内容であること。

　メールマガジンや連絡メールをたくさんのターゲットユーザーに送っても、メールの件名がターゲットユーザーの目を引かなければゴミ箱に入れられてしまい読んでもらえません。

　メールマーケティングで最も重要なポイントの1つが件名は必ず読者の注意を引くものにすることです。件名は、重要な情報が書かれている、見ないと損をする、または緊急性があると思ってもらえるようなものを書くように心がけましょう。

**正解**　B：お詫びし、該当ユーザーを配信リストから削除する。

　メールでマーケティングをする際に、ターゲットユーザーから事前に許可を得たとしても、メールを送信すると苦情が来ることがあります。そうした場合は速やかにお詫びをしてメールの配信先リストからそのユーザーを削除してメールが今後送信されないようにしましょう。

# 第 8 章

## 応用問題

## 第91問

**Q** 次の画像中の[1][2][3]に入る最も適切な語句をABCDの中から1つ選びなさい。

1回目

2回目

3回目

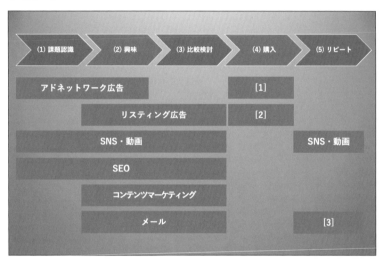

A：[1]メール　　　[2]メール　　　[3]モール
B：[1]メール　　　[2]自社サイト　[3]モール
C：[1]モール　　　[2]メール　　　[3]自社サイト
D：[1]自社サイト　[2]モール　　　[3]メール

正解　D：[1]自社サイト　[2]モール　[3]メール

　　顧客が商品・サービスで購入するのは自社サイトやモールで、リピートを促すウェブマーケティングの施策はSNS・動画の他にはメールがあります。

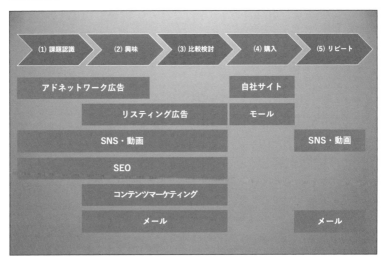

**第92問**

Q 次の画像中の[1][2][3]に入る最も適切な語句をABCDの中から1つ選びなさい。

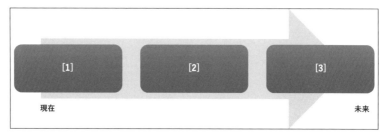

A：[1]KPI　　　[2]KGI　　　[3]現状
B：[1]現状　　　[2]KPI　　　[3]KGI
C：[1]KGI　　　[2]KPI　　　[3]現状
D：[1]現状　　　[2]KGI　　　[3]KPI

**正解**　B：[1]現状　[2]KPI　[3]KGI

　KPIとは、Key Performance Indicatorの略で、「重要業績評価指標」と呼ばれる経営指標です。KPIは「中間目標」を意味し、ゴールに向かうプロセスの目標数値です。つまり、現時点からゴールへ到達するために、通過すべきポイントといえるものです。最終目標であるKGIを達成するために、どの時点でどこまで進んでおくべきなのか、その中間点がKPI指標となります。

第93問

**Q** 次の画像中の[1][2][3]に入る最も適切な語句をABCDの中から1つ選びなさい。

1回目

2回目

3回目

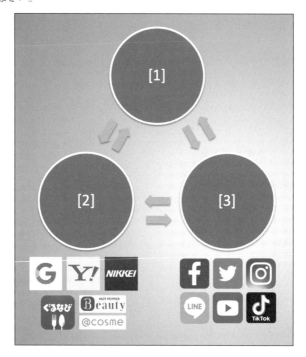

A：[1]オウンドメディア　　[2]ソーシャルメディア
　　[3]アーリーメディア

B：[1]オウンドメディア　　[2]ペイドメディア
　　[3]アーンドメディア

C：[1]ペイドメディア　　[2]オウンドメディア
　　[3]ソーシャルメディア

D：[1]アーリーメディア　　[2]ペイドメディア
　　[3]オウンドメディア

**正解**　B：[1]オウンドメディア　[2]ペイドメディア　[3]アーンドメディア

　トリプルメディアは、オウンドメディア、ペイドメディア、アーンドメディアがあります。

　ペイドメディアにはGoogle、Yahoo!、NIKKEIなどの広告を掲載するメディアであり、アーンドメディアはソーシャルメディアのことであり、ソーシャルメディアにはFacebookなどのSNSがあるのでトリプルメディアを図にすると次のようなものになります。

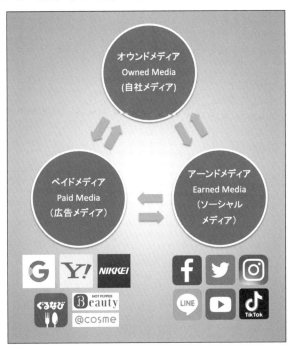

**第94問**

Q 次の図は何の画面である可能性が最も高いか？ ABCDの中から1つ選びなさい。

| | | | | ターゲット | 目標 | テーマ | 内容 | 担当者 |
|---|---|---|---|---|---|---|---|---|
| | 記念日 | | | | | | | |
| 2023年7月1日 | 土 | 国民安全の日、童謡の | | | | | | |
| 2023年7月2日 | 日 | ユネスコ加盟記念の日 | | | | | | |
| 2023年7月3日 | 月 | ソフトクリームの日、波の | ウェブ担当者 | | メタディスクリプションの重 | ウェブページのメタ | メタディスクリプショ | 三木巳喜男 |
| 2023年7月4日 | 火 | 梨の日 | | | | | | |
| 2023年7月5日 | 水 | 江戸切子の日、穴子の | 中小企業経営者、SNS担当者 | Instagram セミナー | Instagram活用のセ | 初心者にわかりやす | 武田ともこ |
| 2023年7月6日 | 木 | 公認会計士の日、ゼロ | | | | | | |

| | 備考 | セールスページ | ブログ記事 | Twitter | Facebook | Instagram | LINE公式 | メールマガジン |
|---|---|---|---|---|---|---|---|---|
| 2023年7月7日 金 川の日、カルピスの日、 | | | | | | | | |
| 2023年7月8日 土 那覇の日、質屋の日、ア | | | | | | | | |
| 2023年7月9日 日 ジェットコースターの日 | | | | | | | | |
| 2023年7月10日 月 納豆の日、ウルトラマン | | | https://www.w | ● | ● | | ● | |
| 2023年7月11日 火 ラーメンの日 | | | | | | | | |
| | | | https://www.web-planners.net/ins | ● | ● | ● | ● | ● |
| | | | | | | | | |
| | | | | | | | | |
| | | | | | | | | |

A：エディトリアルカレンダー

B：マーケティングカレンダー

C：スケジュールカレンダー

D：インフォグラフカレンダー

**正解** A：エディトリアルカレンダー

　「エディトリアルカレンダー」とは、「コンテンツカレンダー」とも呼ばれるもので、コンテンツ制作のスケジュール管理をするために作成される表のことです。エディトリアルカレンダーは、紙のカレンダーや表計算ソフト、専門のコンテンツ管理ツールなど、さまざまな方法で作られます。

**第95問**

Q 次の図は何の画面である可能性が最も高いか？　ABCDの中から1つ選びなさい。

A：モバイル対応ステータス

B：ページエクスペリエンス

C：インデックスステータス

D：検索パフォーマンス

**正解**　D：検索パフォーマンス

　　Googleは検索結果ページ上に表示されている各サイトへのリンクのクリック数を常時記録しています。このことは、サイト運営者が無料で使えるサーチコンソールというツールにある「検索パフォーマンス」というデータを見ると明らかです。設問の図は、著者が管理しているSEO協会公式サイトの検索パフォーマンスのデータです。

## 第96問

Q 次の図は何の画面である可能性が最も高いか？ ABCDの中から1つ選びなさい。

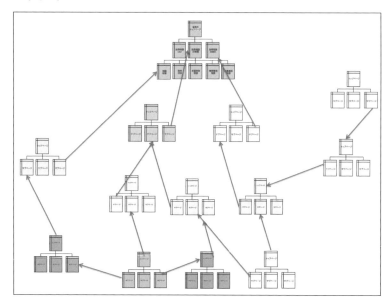

A：PCN

B：PBN

C：PDN

D：PGN

**正解** B：PBN

　Googleはサイトの被リンク元を評価する上で、サイト運営者が自作自演で自分のブログを、他のブログからリンクすることを「PBN：プライベートブログネットワーク」と呼び、評価から除外することに努めています。

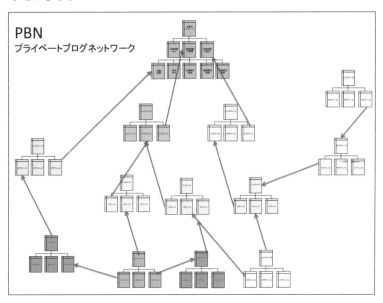

## 第97問

Q 次の図は何の画面である可能性が最も高いか？ ABCDの中から1つ選びなさい。

A：Yahoo!広告マネージャー

B：GA4広告マネージャー

C：Googleアナリティクス

D：WordPress

**正解** D：WordPress

設問の図は、WordPressの管理画面の例です。

**第98問**

Q 次の図は何の画面である可能性が最も高いか？ ABCDの中から1つ選びなさい。

| キーワードから開始 | ウェブサイトから開始 |

ビジネスに密接に関連している商品やサービスを入力します

🔍 「食事の宅配」や「革のブーツ」などを試しましょう

限定的または一般的になりすぎないようにしましょう。たとえば、食品宅配ビジネスの場合は「食事」ではなく「食事の宅配」のほうがよいでしょう

文A 日本語（デフォルト） ◎ 日本

詳細

無関係なキーワードを除外するため、サイトの URL を入力しましょう ⑦

🔗 https://

サイトを使用すると、サイトで取り扱っていないサービス、商品、ブランドは対象から除外されます

結果を表示

A：Ubersuggest有料版

B：シミラーウェブ有料版

C：Googleビジネスプロフィール

D：Googleキーワードプランナー

正解　D：Googleキーワードプランナー

設問の図は、Googleキーワードプランナーの画面です。

Q 次の図の中にあるリンクは何を達成するためのリンクか？ 最も適切な理由をABCDの中から1つ選びなさい。

Googleは今年3月18日から20日まで数日間かけて何らかのアップデートを実施して検索順位が大きく変動しましたが、今回は正式にコアアップデートを実施したという発表があり、変動の規模も大きなものです。

【関連情報】 2022年2月と3月にGoogleが実施した大きなアップデートとは？

例えば、5月25日直後にサイトの1日のGoogleからのアクセス数が1,657だったのが2倍の2,870まで増加。

A：ユーザーレピュテーションの向上を目指すため

B：ユーザーリスクを下げることを目指すため

C：ユーザーエンゲージメントの向上を目指すため

D：ユーザーリテラシーの向上を目指すため

**正解**　C：ユーザーエンゲージメントの向上を目指すため。

　ユーザーエンゲージメントの向上を目指すためために、記事ページ内で何かを書いたら、その文章のすぐ下に改行し、「【関連情報】」や「【参考情報】」などというラベルと一緒に関連性の高いページにサイト内リンクをしましょう。そうすることにより、記事ページを読んでいるユーザーが他のページも見てくれやすくなりサイト滞在時間が長くなりユーザーエンゲージメントの向上が目指せます。

## 第100問

Q 次の図は何を説明する画像である可能性が最も高いか？ ABCDの中から1つ選びなさい。

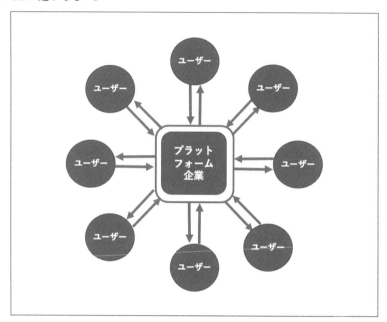

A：CNS

B：SNS

C：STF

D：CMS

**正解** B：SNS

　SNSとは「ソーシャルネットワーキングサービス」の頭文字で、人と人とのつながりを維持・促進するさまざまな機能を提供する、会員制のオンラインサービスのことです。友人・知人間のコミュニケーションを円滑にする手段や場を提供したり、趣味や嗜好、居住地域、出身校、あるいは「友人の友人」といった共通点やつながりを通じて新たな人間関係を構築する場を提供するサービスで、ウェブサイトや専用のスマートフォンアプリなどで閲覧・利用することができるものです。

　Facebook、Twitter、Instagram、LINEなどはユーザー同士のコミュニケーションが主軸となっているサービスであるため、SNSだといえます。そしてSNSはソーシャルメディアの一部であるといえます。設問の図はユーザー同士が線で繋がれており、その様子はユーザー同士が交流ができるというイメージを表現しているため、SNSを表現する図です。

# 付 録

# ウェブマスター検定2級 模擬試験問題

※解答は161ページ、解説は163ページ参照

## 第1問

Q：ウェブマーケティングを実施する手順として最も正しいものをABCDの中から1つ選びなさい。

A：ウェブマーケティングのゴール設定→ カスタマージャーニーマップの作成→ウェブマーケティング施策の選定→KPIの設定→施策の実施→分析→課題の発見と改善

B：ウェブマーケティングのゴール設定→ カスタマージャーニーマップの作成→ウェブマーケティング施策の選定→分析→施策の実施→KPIの設定→課題の発見と改善

C：ウェブマーケティングのゴール設定→ 課題の発見と改善→ウェブマーケティング施策の選定→KPIの設定→施策の実施→分析→カスタマージャーニーマップの作成

D：ウェブマーケティングのゴール設定→ カスタマージャーニーマップの作成→KPIの設定→施策の実施→分析→ウェブマーケティング施策の選定

## 第2問

Q：フレームワークとはどのようなものを指す言葉か？　ABCDの中から1つ選びなさい。

A：ビジネスの課題を増やして浮き彫りにする手法

B：ビジネスを成長させるための資金を調達する大枠

C：ビジネスの課題を解消したいときに役立つ思考の枠組み

D：ビジネスで使用するフレームになるソフトウェア

## 第3問

Q：カスタマージャーニーにおける5つのステージとして正しいものはどれか？　ABCDの中から1つ選びなさい。

A：購入→課題認識→興味→比較検討→リピート

B：課題認識→比較検討→興味→購入→リピート

C：課題認識→興味→比較検討→購入→リピート

D：購入→課題認識→比較検討→興味→リピート

## 第4問

Q：カスタマージャーニーの「タッチポイント」とは何か？　ABCDの中から1つ選びなさい。

A：企業やブランドのロゴやキャッチフレーズ

B：顧客の購入履歴や行動パターン

C：企業やブランドの顧客への情報接点

D：マーケティング戦略や販売計画

## 第5問

Q：次の文中の空欄[1]と[2]に入る最も適切な語句の組み合わせをABCDの中から1つ選びなさい。

[1]広告とは、Twitter、Instagram、Facebook、LINE、Pinterestなどのユーザーに配信する広告のことである。[1]広告はユーザーが[1]に登録したときの個人情報や、その後の[2]をもとにした細やかなターゲティング設定ができる広告である。

A：[1]ソーシャル　　　　[2]行動様式
B：[1]SNS　　　　　　 [2]行動履歴
C：[1]メディア　　　　　[2]行動原理
D：[1]ウェブ　　　　　　[2]行動履歴

## 第6問

Q：次の文中の空欄[1]と[2]に入る最も適切な語句の組み合わせをABCDの中から1つ選びなさい。

[1]とは「重要業績評価指標」と呼ばれる経営指標のことであり、[2]を意味する。

A：[1]KPC　　　[2]最終目標
B：[1]KPI　　　[2]中間目標
C：[1]KTI　　　[2]最終目標
D：[1]KGF　　　[2]中間目標

## 第7問

Q：次の文中の空欄[　]に入る最も適切な語句をABCDの中から1つ選びなさい。

ウェブマーケティングを実施した施策の結果を分析ツールを使って分析する。サイトへの訪問者数や成約件数、成約率などは[　]などのアクセス解析ツールを使うと見ることができる。

A：Googleアナリティクス
B：Googleサーチコンソール
C：Googleビジネスプロフィール
D：Googleキーワードプランナー

## 第8問

Q：次の文中の空欄[　]に入る最も適切な語句をABCDの中から1つ選びなさい。

[　]とは、郵送物、テレアポなどの電話、FAXなどを通じて個々の見込み客にアプローチをする手法のことである。

A：ダイレクトマーケティング
B：ダイレクトレスポンス
C：ダイレクトコンタクト
D：ダイレクトアプローチ

## 第9問

Q：次の文中の空欄[1]と[2]に入る最も適切な語句の組み合わせをABCDの中から1つ選びなさい。

総務省が平成27年に実施した調査結果によると、調査対象の79.3%が[1]について調べたいことがある場合は、[2]を使うということがわかっている。

A：[1]商品やサービスの内容や評判
　　[2]検索エンジンやブログの検索機能
B：[1]商品やサービスの内容や社員の評判
　　[2]検索エンジンや地図の評価機能
C：[1]商品やサービスの内容や評判
　　[2]検索エンジンやSNSの検索機能
D：[1]企業の評価や経営者の評判
　　[2]検索エンジンやSNSの検索機能

## 第10問

Q：コンテンツマーケティングのデメリットに最も含まれにくいものは次のうちどれか？ABCDの中から1つ選びなさい。

A：時間と労力がかかる
B：広告と同じくらい費用がかかる
C：戦略の見直しとコンテンツのメンテナンスが必要
D：競合他社との差別化が困難

## 第11問

Q：ブログでより多くのネットユーザーに読まれるための記事の姿勢に関して、最も正しいものをABCDの中から1つ選びなさい。

A：個人の日常を綴る記事が最も読まれる
B：社長や従業員の日常を中心に記事を書くこと
C：問題や悩みに役立つハウツー記事を提供する
D：全国のネットユーザーの趣味や特技を中心に記事を書くこと

## 第12問

Q：インフォグラフィックに関して、最も正しい説明をABCDの中から1つ選びなさい。

A：文章とソーシャルメディアで構成される情報伝達ツール
B：イラストやグラフで情報をわかりやすく表現した画像
C：複雑な事柄をソーシャルメディアで解説したコンテンツ
D：映像や動画を中心に情報を伝達するコンテンツ

## 第13問

Q：次の文中の空欄[1]と[2]に入る最も適切な語句の組み合わせをABCDの中から1つ選びなさい。

[1]とは、具体的な事例について、それを詳しく調べ、分析・研究して、その背後にある[2]などを究明し、一般的な法則・理論を発見しようとする研究法のことを指す。

A：[1]ケーススタディ 　　　 [2]原理や法則性
B：[1]スタディケース 　　　 [2]結論や論理性
C：[1]スタディサンプル 　　 [2]原理や法則性
D：[1]サンプルスタディ 　　 [2]結論や合理性

## 第14問

Q：FAQとは何の略か？　最も適切なものをABCDの中から1つ選びなさい。

A：Frequently Asking Questions
B：Frequency Asked Questions
C：Freely Asked Questions
D：Frequently Asked Questions

## 第15問

Q：次の文中の空欄[　]に入る最も適切な語句をABCDの中から1つ選びなさい。

ウェブサイトにおける[　]とは、読者の知識を質問形式でテストするものであり、さまざまなトピックやカテゴリに関するものがある。

A：なぞなぞ
B：クエスチョン
C：クイズ
D：アスクリスト

## 第16問

Q：Instagram、Facebook、TwitterなどのSNSや、アメブロやライブドアブログは何と呼ばれるか？　最も適切な語句をABCDの中から1つ選びなさい。

A：アーンドメディア
B：オウンドメディア
C：ペイドメディア
D：オープンメディア

## 第17問

Q：次の文中の空欄[1]と[2]に入る最も適切な語句の組み合わせをABCDの中から1つ選びなさい。

[1]とは[2]のスケジュール管理をするために作成される表のことで、編集者やライター、マーケティング担当者などが関わる[2]や運用の進行を簡単に把握するために作られる。

A：[1]コンテンツカレンダー　　　[2]コンテンツのデザイン
B：[1]エディターカレンダー　　　[2]デザインのプランニング
C：[1]エディトリアルカレンダー　[2]コンテンツ制作
D：[1]エディトリアルカレンダー　[2]コンテンツのデザイン

## 第18問

Q：まだサイトを訪問したことのないターゲットユーザーにサイトに来てもらうためのウェブマーケティングにおける効果的な取り組みとして、最も該当しにくいものをABCDの中から1つ選びなさい。

A：SEO
B：ダイレクトマーケティング
C：動画マーケティング
D：ソーシャルメディアマーケティング

## 第19問

Q：次の文中の空欄[1]と[2]に入る最も適切な語句の組み合わせをABCDの中から1つ選びなさい。

日本国内においては、2010年まではYahoo! JAPANは独自の検索エンジン[1]を使用していた。しかし、Googleの絶え間ない検索結果の[2]、Yahoo! JAPANは[1]を廃止して、ウェブサイトを検索する検索エンジンとしてGoogleの検索エンジンを採用した。

A：[1]YST　　　[2]品質向上が認められ
B：[1]YSG　　　[2]アルゴリズムが認められ
C：[1]YSP　　　[2]品質改善が認められ
D：[1]YST　　　[2]アルゴリズムアップデートが認められ

## 第20問

Q：全日本SEO協会では独自に検索順位決定要因を研究調査している。その検索順位決定要因に含まれにくいものは次のうちどれか？　ABCDの中から1つ選びなさい。

A：E-A-A-Tが高いか？
B：検索エンジンが評価しやすいページか？
C：検索キーワードと関連性が高いか？
D：ユーザーにどれだけ好かれているか？

## 第21問

Q：次の文中の空欄[1]と[2]に入る最も適切な語句の組み合わせをABCDの中から1つ選びなさい。

Googleキーワードプランナーを使ってキーワード調査をする際には、[1]に左右されるのではなく、その検索キーワードを自社の見込み客が検索するのか、[2]は自らの経験と洞察力を磨いて判断する必要がある。

A：[1]月間検索率の低さ
　　[2]コンテンツを探している人が検索するキーワードかどうか
B：[1]月間検索数の多さ
　　[2]お金を使う人が検索するキーワードかどうか
C：[1]月間検索率の高さ
　　[2]苦しんでいる人が検索するキーワードかどうか
D：[1]月間検索数の多さ
　　[2]コンテンツを探している人が検索するキーワードかどうか

## 第22問

Q：SNSの基本的な仕組みに最も含まれにくいものはどれか？　ABCDの中から1つ選びなさい。

A：いいね・コメント・シェア
B：コンテンツマップ
C：アクションの通知機能
D：メッセージ機能

## 第23問

Q：次の文中の空欄[1]と[2]に入る最も適切な語句の組み合わせをABCDの中から1つ選びなさい。

LINE内で自社専用ページを持てるサービスがLINE公式アカウントである。お友達登録をしたユーザーに情報を配信することができる。毎月の情報配信数が[1]までなら無料で使え、それを超えても月額[2]程度からの利用料金なので手軽に始めることができる。

A：[1]100通　　　　[2]500円
B：[1]1000通　　　[2]5000円
C：[1]1万通　　　　[2]5万円
D：[1]10万通　　　[2]50万円

## 第24問

Q：次の文中の空欄[　]に入る最も適切な語句をABCDの中から1つ選びなさい。

スタッフの日常報告をSNSに投稿することは、企業や組織の人間性を伝えることができ、親近感を与えるとともに、[　]をもたらす。

A：ブランディング効果

B：Google検索での上位表示効果

C：ウェブサイトの売上増加効果

D：ウェブサイトのアクセス増加効果

## 第25問

Q：無料ブログサービスは無料で使える非常に便利なプラットフォームだが、デメリットもある。デメリットに最も該当しにくいものをABCDの中から1つ選びなさい。

A：サービスの利用方法が不透明

B：商用利用が禁止されているものがある

C：広告が表示される

D：サービスの継続が不透明

## 第26問

Q：YouTubeの動画を上位表示させるために、動画のタイトルに関する推奨されるアプローチは以下のうちどれか？　ABCDの中から1つ選びなさい。

A：目標キーワードのことは気にせずにオリジナルなタイトルを考える。

B：目標キーワードを含めて、訴求力のあるライティングを心がける。

C：タイトルには複数の目標キーワードだけを明確に記述する。

D：検索結果ページに表示されないため、タイトルの内容は重要ではない。

## 第27問

Q：TikTokには複数の特徴があるが、それらの特徴に最も含まれにくいものをABCDの中から1つ選びなさい。

A：企業参加型のコンテンツ

B：短い動画フォーマット

C：AI技術によるコンテンツのレコメンド

D：音楽との連携

## 第28問

Q：リスティング広告の広告費に関する説明として、正しいものはどれか？　ABCDの中から1つ選びなさい。

A：リスティング広告の広告費は、広告が表示された時点で課金される。

B：広告主は管理画面上で、希望する表示回数を入力する。

C：1クリックあたりの広告費は競争入札制で、広告主が希望額を入力する。

D：クリック保証は、広告がクリックされなくても課金される制度である。

## 第29問

Q：次の文中の空欄[　]に入る最も適切な組み合わせをABCDの中から1つ選びなさい。

SNS広告にはさまざまな広告形式があります。通常のテキストを主体とした広告の他に、画像広告、動画広告、[　]など、目的やターゲット層に合わせて選択できます。

A：カルーセル広告、ストーリーズ広告
B：カリーセル広告、ストリーム広告
C：カルーセルー広告、ストアーズ広告
D：カルーセール広告、ストレイト広告

## 第30問

Q：各プラットフォームには異なる動画広告フォーマットがある。YouTubeが提供する動画広告フォーマットに最も含まれにくいものはどれか？　ABCDの中から1つ選びなさい。

A：インサイト動画広告
B：スキップ不可のインストリーム広告
C：インフィード動画広告
D：スキップ可能なインストリーム広告

## 第31問

Q：次の文中の空欄[1]と[2]に入る最も適切な語句の組み合わせをABCDの中から1つ選びなさい。

アドネットワーク広告とは、広告を出稿できる多数の[1]を集めた広告配信ネットワークに同時に出稿できるオンライン広告である。日本国内で利用されているアドネットワークの代表的なものとしては、[2]がある。

A：[1]ウェブサイトやブログ、ポータルサイト
　　[2]Googleが提供するGoogleアドセンスネットワーク
B：[1]ウェブサイトやアプリ、SNS
　　[2]Googleが提供するGoogleディスプレイネットワーク
C：[1]ショッピングサイトや情報サイト
　　[2]Facebookが提供するFacebookディスプレイネットワーク
D：[1]ウェブサイトやアプリ、ショッピングカート
　　[2]LINEが提供するLINE・Yahoo!ディスプレイネットワーク

## 第32問

Q：次の文中の空欄[1]と[2]に入る最も適切な語句の組み合わせをABCDの中から1つ選びなさい。

[1]にはA8.net、バリューコマース、リンクシェア、アクセストレードなどのさまざまな商材と関連性が高いサイトを運営する[2]を抱えているところから、金融や仮想通貨に強いところ、美容や女性向け商材に強いところなどがあるので、自社の商材に合わせて[1]を選定することが得策である。

A：[1]ASP　　　　[2]広告主
B：[1]JSP　　　　[2]運営企業
C：[1]ASP　　　　[2]アフィリエイター
D：[1]ASA　　　　[2]スポンサー

## 第33問

Q：アフィリエイターが広告主の商材を推奨する際の行動に関する説明として、最も適切なものをABCDの中から1つ選びなさい。

A：すべてのアフィリエイターは広告主にとって好ましくない表現を避ける。
B：アフィリエイターは常に成約率を高めるための正確な表現を使用する。
C：一部のアフィリエイターは成約率を高めるために好ましくない表現をすることがある。
D：アフィリエイターは広告主の意向を無視して商材を推奨する。

## 第34問

Q：次の文中の空欄[1]と[2]に入る最も適切な語句の組み合わせをABCDの中から1つ選びなさい。

メールマーケティングとは、企業が[1]に向けてメールを送信し、無料で役立つ商品・サービスの情報を提供することで、[2]、売り上げを向上させることを目的としたマーケティング手法のことである。

A：[1]見込み客や顧客　　　　[2]関心や購買意欲を喚起し
B：[1]顧客や株主　　　　　　[2]関心や投資意欲を喚起し
C：[1]満足していない顧客　　[2]関心や検討意欲を喚起し
D：[1]満足している顧客　　　[2]好奇心や承認欲求を喚起し

## 第35問

Q：次の文中の空欄[1]、[2]、[3]に入る最も適切な語句の組み合わせをABCDの中から1つ選びなさい。

[1]マーケティングとは、まず顧客の興味や関心を引き付けるための[2]の提供を行い、その後、顧客に製品やサービスの詳細を提供し、購入につなげる[3]の販売を行うことで、効果的な成果を得ることを目指すものである。

A：[1]スリーステップ　　　[2]フロントスタート商材
　　[3]ミドルエンド商材とバックエンド商材
B：[1]ツーステップ　　　[2]フロントスタート商材　　　[3]フロントエンド商材
C：[1]スリーステップ　　　[2]バックエンド商材
　　[3]ミドルエンド商材とフロントエンド商材
D：[1]ツーステップ　　　[2]フロントエンド商材　　　[3]バックエンド商材

## 第36問

Q：次の文中の空欄[1]と[2]に入る最も適切な語句の組み合わせをABCDの中から1つ選びなさい。

効果的なマーケティングを実施する際には、顧客の関心を引き付けた後、製品やサービスの詳細情報を提供し、購入を促す。ここでは、[1]や[2]を行うことで、顧客の購入金額や購入頻度を高めることが可能になる。

A：[1]アップセル　　　[2]ダウンセル
B：[1]ソフトセル　　　[2]ハードセル
C：[1]アップセル　　　[2]クロスセル
D：[1]プルセル　　　[2]プッシュセル

## 第37問

Q：税理士事務所が顧問サービスの契約数を増やすためのオンライン戦略として、どのような手法を取ると良いとされているか？　最も可能性が高いものをABCDの中から1つ選びなさい。

A：ブログ記事に節税のアドバイスを掲載し、その世界経済の動向を詳しく解説する動画へのリンクを張る。
B：ブログ記事に節税のアドバイスを掲載し、節税に関するホワイトペーパーのダウンロードページへのリンクを目立つ部分に張る。
C：ブログ記事を毎日更新することで、多くのユーザーをサイトに引き付ける。
D：税務関連のホワイトペーパーを販売することで、収益を増加させる。

## 第38問

Q：ステップメールの配信頻度について、最も適切なものをABCDの中から1つ選びなさい。

A：1時間後、3時間後、1日後、数日後
B：1日後、3日後、1週間後、数週間後
C：1週間後、3週間後、1カ月後、1年後
D：1カ月後、3カ月後、1年後、数年後

## 第39問

Q：出版業界のフロントエンドとして最も適切ではないものはどれか？　ABCDの中から1つ選びなさい。

A：電子書籍の定期購読
B：カレンダー・手帳
C：雑誌・定期刊行物
D：学習教材・教科書

## 第40問

Q：メールマーケティングで読了率の向上やアクションをとってもらう確率を高めるための方法として、最も効果が期待できるのは何か？　ABCDの中から1つ選びなさい。

A：メールの本文に長文と絵文字などの装飾を多用すること。
B：メールの冒頭と文中に宛名を挿入して個別感を出すこと。
C：多くの読者の注意をひきつける画像や動画を添付すること。
D：メールの末尾に感謝の言葉を添えること。

## 第41問

Q：次の文中の空欄[　]に入る最も適切な語句をABCDの中から1つ選びなさい。

ターゲットユーザーとは、[　]のことである。ウェブサイトに載せるテキストや画像などのコンテンツを作る際に、ターゲットとするユーザーを明確にすると、ユーザーに訴求力の高いコンテンツが作りやすくなります。

A：企業が市場調査をする上で参考にしない特定の購入者層
B：個人が商品・サービスを知ろうとする一般的な購入者層
C：ユーザーが商品・サービスを買おうとする特定の販売者層
D：企業が商品・サービスを売ろうとする特定の購入者層

## 第42問

Q：次の選択肢の中で、クライアントサイドプログラムに関する説明として最も適切なものをABCDの中から1つ選びなさい。

A：クライアントサイドプログラムは、サーバー側で実行される高機能なプログラムである。
B：クライアントサイドプログラムは、主にPython、PHP、Javaなどを使用して開発される。
C：クライアントサイドプログラムは、ユーザーのデバイス上で動作し、ポップアップや画像切り替えなどを行う。
D：クライアントサイドプログラムは、ユーザーのアクションに対してサーバー側で実行されるプログラムである。

## 第43問

Q：短期間で実施できる競合調査に最も含まれにくいものはどれか？　ABCDの中から1つ選びなさい。

A：紙媒体の業界新聞・業界誌・経済誌を読む
B：競合サイトの構成、売れていそうな商品・サービス、商品レビューを観察する
C：競合企業と競合する商品を開発してデータに基づいた調査を実施する
D：業界動向データを発表しているサイトを見る

## 第44問

Q：B2Bサイトのターゲットユーザーに最も含まれにくいものはどれか？　ABCDの中から1つ選びなさい。

A：宮城県内の建設業
B：東京都内在住の30代男性
C：東北地方の中小企業
D：全国にある中小規模の製造業

## 第45問

Q：次の文中の空欄[1]と[2]に入る最も適切な語句の組み合わせをABCDの中から1つ選びなさい。

直感や勢い、思いつきで[1]をスタートするのではなく、面倒でも一度立ち止まって[2]を設定するべきである。サイトを作っても売り上げが思うように増えなければそのプロジェクトは失敗に終わるからである。

A：[1]サイトゴール　　　[2]サイトデザイン
B：[1]サイトデザイン　　[2]サイトプランニング
C：[1]サイト制作　　　　[2]サイトゴール
D：[1]サイトデザイン　　[2]サイト構造

## 第46問

Q：B2Cとしてビジネスをしている可能性が最も低い業種はどれか？　ABCDの中から1つ選びなさい。

A：女性向け整体院
B：男性向け美容室
C：エステサロン
D：ウェブ制作会社

## 第47問

Q：ウェブマーケティングにおける市場分析の目的として、最も正しく説明されているものはどれか？　ABCDの中から1つ選びなさい。

A：自社の商品やサービスの品質を確保するために、各部署との連携を強化し、市場での評価を高めるための戦略を計画するため。

B：自社が属する業界の動向や顧客ニーズを調査し、新規事業の立ち上げや既存商品の改善方針を判断するため。

C：企業の内部文化や働く環境を向上させるために、社員のモチベーションや経営者の意向を詳細に分析し、組織全体の働き方改革を推進するため。

D：他社との協力関係を深く理解し、業界内での位置付けやブランド力を強化するための長期的な戦略を構築するため。

## 第48問

Q：次の文中の空欄[1]と[2]に入る最も適切な語句の組み合わせをABCDの中から1つ選びなさい。

[1]の規模が大きく、成長率が高ければ誰もが商品・サービスをたくさん売ることができるということはない。たくさんの商品・サービスを売るには、[2]が現在何に困っているか、その市場の中で何を求めているかを知る必要がある。

A：[1]商材　　　　[2]消費者
B：[1]市場　　　　[2]経営者
C：[1]商材　　　　[2]担当者
D：[1]市場　　　　[2]消費者

## 第49問

Q：ワイヤーフレームを作るツールに含まれにくいものは次のうちどれか？　ABCDの中から1つ選びなさい。

A：Cacoo
B：PowerPoint
C：Adobe Premiere
D：Figma

## 第50問

Q：UIに含まれにくい要素の組み合わせはどれか？　ABCDの中から1つ選びなさい。

A：テキスト、動画
B：大見出し、CSS
C：画像、テキストリンク
D：ページ全体の構成

## 第51問

Q：次の文中の空欄[1]と[2]に入る最も適切な語句の組み合わせをABCDの中から1つ選びなさい。

自分が理想とする[1]という気持ちをいったん抑えて、[2]がターゲットユーザーのニーズにどのように対応しているのかを観察するべきである。そして良いと思ったところは積極的に自社サイトに取り入れるべきである。

A：[1]売上を達成したい　　　　　[2]競合サイト
B：[1]サイトをデザインしたい　　[2]HTMLの構造
C：[1]サイトをデザインしたい　　[2]競合サイト
D：[1]アクセス数を達成したい　　[2]CMSの構造

## 第52問

Q：次の文中の空欄[　]に入る最も適切な語句をABCDの中から1つ選びなさい。

[　]はメインコンテンツとサイドバーで構成されるレイアウトである。サイドバーにはサイト内にある他のページへのリンク、カテゴリ、バナーリンクなどが掲載される。

A：2カラム
D：3カラム
C：4カラム
D：5カラム

## 第53問

Q：次の文中の空欄[　]に入る最も適切な語句をABCDの中から1つ選びなさい。

ユーザーが、サイト内にあるメニューリンクを見ずに、自分が探しているページを検索することができるのが[　]である。

A：サイト検索エンジン
B：サイト内検索エリア
C：ページ検索エンジン
D：サイト内検索窓

## 第54問

Q：次の文中の空欄[1]、[2]、[3]に入る最も適切な語句の組み合わせをABCDの中から1つ選びなさい。

ウェブサイトの配色を決めた後は、[1]を守ってウェブページを着色するのが良い。[1]は、ベースカラー[2]、メインカラー[3]、アクセントカラー5%という比率で配色すると美しい配色になるという考え方である。

A：[1]色の黄金比　　　[2]80%　　　[3]15%
B：[1]色の黄金率　　　[2]75%　　　[3]20%
C：[1]色の黄金比　　　[2]70%　　　[3]25%
D：[1]色の黄金率　　　[2]90%　　　[3]5%

## 第55問

Q：ファビコンとは何か？　ファビコンの定義に関して、最も正しい記述はどれか？ABCDの中から1つ選びなさい。

A：ユーザーがウェブページに残すシンボルマーク

B：サイト運営者がウェブページに設置するシンボルマーク

C：ユーザーがウェブページに残す人気を示すシグナル

D：サイト運営者がフォームページに残す足跡となるもの

## 第56問

Q：次の画像中の[1]と[2]に入る最も適切な語句をABCDの中から1つ選びなさい。

年々ライティングの外注費用は上がってきている。一昔前までは数千文字の原稿のライティング料金が[1]円前後で調達できていたものが、最近では[2]にまで値上がりしているということを見聞きするようになっている。

A：[1]2000　　　　[2]1万円から高いものになると5万円近く

B：[1]5000　　　　[2]数万円から高いものになると10万円近く

C：[1]2万　　　　[2]5万円から高いものになると20万円近く

D：[1]5万　　　　[2]10万円から高いものになると50万円近く

## 第57問

Q：次の文中の空欄[1]と[2]に入る最も適切な語句の組み合わせをABCDの中から1つ選びなさい。

[1]とは透明なフィルムのようなもので、そこに画像やテキスト、その他の[2]を個別に配置し、それらを重ね合わせることで1つの画像を作成するものである。

A：[1]レイヤー　　　　[2]オブジェクト

B：[1]レイフィルム　　[2]サブジェクト

C：[1]レイヤー　　　　[2]サブジェクト

D：[1]ビットフィルム　[2]オブジェクト

## 第58問

Q：次の文中の空欄[　]に入る最も適切な語句をABCDの中から1つ選びなさい。

ウェブページを作成する際には、特に事情がない限り文字コードは最も普及率が高い[　]を使うべきである。

A：UTF-JP

B：EUC-8

C：UTF-8

D：EUC-JP

## 第59問

Q：次の文中の空欄[1]と[2]に入る最も適切な語句の組み合わせをABCDの中から1つ選びなさい。

PHPなどのサーバーサイドプログラムと連携して使用されるデータベースには、MySQL、[1]、SQLite、[2]などがある。

A：[1]PostgreSQL 　　[2]Oracle Database
B：[1]PosterSQL 　　[2]Orale Database
C：[1]PostageSQL 　　[2]Google Database
D：[1]PostgreSQL 　　[2]Omni Database

## 第60問

Q：次の文中の空欄[1]と[2]に入る最も適切な語句の組み合わせをABCDの中から1つ選びなさい。

PDOとは、[1]の略で、PHPから[2]にアクセスをさせてもらうための手続きのことである。

A：[1]PHP Data Objects 　　[2]テーブルデータ
B：[1]PHI 　　[2]データベース
C：[1]PHI Datatable Objects 　　[2]データテーブル
D：[1]PHP Data Objects 　　[2]データベース

## 第61問

Q：インターネットプロトコル（IP）技術を利用して生まれた主要なコンピュータネットワークは次の中のどれか？　最も適切なものをABCDの中から1つ選びなさい。

A：Telnet、SMTC、FTP、IRO、NNTP、HTTP
B：Telnet、SMTP、FTP、IRC、NNTP、HTTP
C：Telnet、SMTP、FTP、IRC、NMTP、HTTP
D：Telnet、SMTP、FTC、IRC、NNTP、HTTPS

## 第62問

Q：Telnetの発明がコンピュータの普及に貢献した理由は何か？　最も適切なものをABCDの中から1つ選びなさい。

A：Telnetによりパーソナルコンピューターの生産が容易になった。
B：Telnetによりコンピュータの価格が下がった。
C：Telnetにより誰もがコンピュータを利用できる環境が整った。
D：Telnetにより高速なインターネット接続が可能になった。

## 第63問

Q：次の文中の空欄[1]と[2]に入る最も適切な語句の組み合わせをABCDの中から1つ選びなさい。

ウェブ誕生当時は、検索エンジンには2つの形があった。1つは人間が目で1つひとつのウェブサイトを見て編集する[1]検索エンジンで、もう1つはソフトウェアが自動的に情報を収集して編集する[2]の検索エンジンである。

A：[1]ディレクトリ型　　　　　[2]カテゴリ型
B：[1]エディトリアル型　　　　[2]ロボット型
C：[1]ディレクトリ型　　　　　[2]プラットフォーム型
D：[1]ディレクトリ型　　　　　[2]ロボット型

## 第64問

Q：次の文中の空欄[1]、[2]、[3]に入る最も適切な語句の組み合わせをABCDの中から1つ選びなさい。

最初のポータルサイトは[1]カテゴリの情報を取り扱う[2]ポータルサイトだった。それらはキーワード検索ができる[3]検索エンジンと、編集者が管理するウェブサイトのディレクトリ、新聞社などのマスメディアが発信するニュース記事の転載、無料のメールなどで構成されていた。

A：[1]総合的な　　　　[2]総合　　　　　　[3]ロボット
B：[1]特化型の　　　　[2]専門的な　　　　[3]ウェブ
C：[1]専門的な　　　　[2]専門性が高い　　[3]ロボット
D：[1]網羅的な　　　　[2]総合　　　　　　[3]ウェブ

## 第65問

Q：ウェブサイトの数が爆発的に増えた結果、消費者は1つひとつのウェブサイトに対して長い時間をかけて情報を収集し、比較検討することが困難な状況に陥るようになった。その結果、人気が高まるようになったのは次のうちどのサービスか？　最も適切なものをABCDの中から1つ選びなさい。

A：比較サイト、口コミサイト、ランキングサイト
B：情報サイト、口コミサイト、掲示板サイト
C：比較サイト、口コミサイト、ショッピングサイト
D：情報サイト、口コミサイト、ポータルサイト

## 第66問

Q：販売代理店制度を作り、他社のウェブサイト上で商品・サービスを販売してもらうという手法は非常に便利だが、いくつかの点に気を付けなくてはならない。特に注意すべき点の組み合わせをABCDの中から1つ選びなさい。

A：最高価格のコントロールと仕入先の離反
B：仕入れ価格のコントロールと仕入先の選定
C：仕入れ価格を低くすることと代理店の離反
D：販売価格のコントロールと代理店の離反

## 第67問

Q：ウェブページで一般的に使用される画像ファイルの種類に当てはまらないものはどれか？　ABCDの中から1つ選びなさい。

A：WebP

B：TIFF

C：JPEG

D：GIF

## 第68問

Q：トップページのデザインにおいて考慮すべきポイントに関する説明として、最も正しいものはどれか？　ABCDの中から1つ選びなさい。

A：トップページの役割は主に目次的な役割であり、グラフィックデザインやブランディングは重要ではない。

B：トップページはサイト全体の顔としての役割を持ち、商品やサービスの動画を掲載するのが最も重要である。

C：トップページのデザインでは目次的な役割とブランディングのバランスが重要で、どちらか一方の役割を過度に重視するとユーザー体験が損なわれる可能性がある。

D：トップページは主にインパクトのある画像を掲載することが重要で、他の情報はあまり重要ではない。

## 第69問

Q：次の文中の空欄[1]と[2]に入る最も適切な語句の組み合わせをABCDの中から1つ選びなさい。

GoogleやYahoo! JAPANなどの検索エンジンの広告枠に表示するための専用のページを[1]と呼ぶ。LPはランディングページの略で、ユーザーが検索エンジンやウェブサイトにあるリンクをクリックして最初に訪問するページのことである。広告専用ページはユーザーが[2]他のページへはリンクをせずに、1つのページだけで完結する作りのものがほとんどである。

A：[1]広告特化ページ、広告専用LP、またはLP
　　[2]最高値で購入、または申し込みというゴールに達することができるようにするために

B：[1]広告専用ページ、広告専門LP、またはLP
　　[2]最短で購入、または申し込みという段階に達することができるようにするために

C：[1]広告兼用ページ、広告用LP、またはLP
　　[2]最安値で購入、または申し込みという段階に達することができるようにするために

D：[1]広告専用ページ、広告用LP、またはLP
　　[2]最短で購入、または申し込みというゴールに達することができるようにするために

## 第70問

Q：企業のウェブサイトのページの中でも必須のページである会社概要、企業情報、店舗情報に含める情報の組み合わせとして、もしも6つの情報だけしか含めることができない場合の最も適切な組み合わせはどれか？　ABCDの中から1つ選びなさい。

A：企業名、社員名、事業所の所在地、電話番号、メールアドレス、取引先一覧
B：企業名、代表者名、事業所の所在地、電話番号、メールアドレス、事業内容一覧
C：企業名、代表者名、社員名、外注先名、電話番号、メールアドレス、事業内容一覧
D：企業名、株主名、事業所の所在地、電話番号、メールアドレス、所属団体一覧

## 第71問

Q：高額な教育サービスや設備の販売、建築サービスを提供する業界での資料請求に関する最近の傾向として、何が効果的とされているか？　最も適切なものをABCDの中から1つ選びなさい。

A：資料を請求されたら、資料を2日後に郵送し、その後、電話をする。
B：資料請求と同時に品質が高い紙の資料のみを速達で郵送する。
C：資料請求と同時にPDF形式で資料をダウンロード可能にする。
D：資料請求後、フォローアップの連絡を毎週1回の頻度で行う。

## 第72問

Q：サイトを自作する方法に該当しにくいものはどれか？　ABCDの中から1つ選びなさい。

A：CMSを使う
B：テキストエディタを使ってコーディングをする
C：アルゴリズムを使ってクロールする
D：ホームページ制作ソフトを使う

## 第73問

Q：次の文中の空欄［1］と［2］に入る最も適切な語句の組み合わせをABCDの中から1つ選びなさい。

WordPressなどのCMSでウェブサイトを作る場合は、CMS自体がすでにサーバーに［1］されているためウェブページを作成すると同時にサーバーにファイルが生成される。そのため、ファイルのアップロードをする手間はかからない。ただし、サイト運営者のパソコンで作成した画像ファイルや動画ファイルはCMSの管理画面でアップロードしたいファイルを選択してアップロードする。WordPressを使用している場合は、WordPressにある［2］という画面で、ファイルを選択してアップロードする。

A：［1］インストール　　　［2］メディアクエリ
B：［1］ダウンロード　　　［2］メディアライブラリ
C：［1］ダウンロード　　　［2］メディアクエリ
D：［1］インストール　　　［2］メディアライブラリ

## 第74問

Q：回線事業者に関する次の記述のうち、正しいものはどれか？　最も適切な語句をABCDの中から1つ選びなさい。

A：回線事業者と契約するだけで、インターネットに接続できる。

B：回線には、光回線やケーブルテレビ、電話回線、モバイル回線などの種類がある。

C：回線事業者は、インターネットの速度を管理する事業者である。

D：KDDIは国際的に成功しているISPの1つである。

## 第75問

Q：次の文中の空欄[1]と[2]に入る最も適切な語句の組み合わせをABCDの中から1つ選びなさい。

[1]とは、コンピュータネットワークにおいて、[2]を2つ以上の異なるネットワーク間に中継する通信機器である。

A：[1]データ　　　　　[2]ルーター

B：[1]ルーター　　　　[2]FTC

C：[1]データ　　　　　[2]ADSL

D：[1]ルーター　　　　[2]データ

## 第76問

Q：IPアドレスに関する次の記述のうち、正しいものはどれか？　ABCDの中から1つ選びなさい。

A：グローバルIPアドレスは、どのネットワーク上でも自由に重複して使用することができる。

B：IPアドレスは、インターネットなどのTCP/IPネットワークに接続されたデバイスの名前を表す。

C：プライベートIPアドレスは構内ネットワーク（LAN）などで自由に使うことができる。

D：地球上にあるすべてのIPアドレスは、国際的な管理団体によって個別に発行される。

## 第77問

Q：ドメイン名を維持するための料金に関する次の説明の中で正しいものはどれか？ABCDの中から1つ選びなさい。

A：ドメイン名は一度登録すれば、追加の料金は発生しない。

B：ドメイン名の料金は毎月支払う必要がある。

C：料金の支払いを怠ると、ドメイン名を失い他人に取られる可能性がある。

D：ドメイン名の料金は5年に1回支払う必要がある。

## 第78問

Q：ウェブの特性として最も正しいものはどれか？　ABCDの中から1つ選びなさい。

A：インターネットは特定の地域に限定された巨大なネットワークである。

B：ウェブは国境や特定の組織に制約されず、グローバルなネットワークである。

C：インターネットは少数の機関や企業がグローバルに展開し、運営している。

D：インターネットの情報は、ユーザーが直接取得することができない。

## 第79問

Q：ウェブの発展におけるネットワーク効果の意味とは何か？　最も適切なものをABCDの中から1つ選びなさい。

A：ユーザーが増えれば増えるほどインターネット速度が向上する現象

B：ユーザーが増えれば増えるほど、そのネットワークの価値と利便性が高まる現象

C：ユーザーが増えるとその分、インターネットの負荷が減少して快適性が増す現象

D：ユーザーが増えるとその分、ネットワークのセキュリティリスクが増加する現象

## 第80問

Q：ウェブの進化に関する以下の記述の中で、正しい組み合わせを選びなさい。

A：ウェブ1.0 - ソーシャルネットワーキングとユーザー生成コンテンツが中心。

B：ウェブ3.0 - ブロックチェーン技術などの技術や概念と関連付けられ、ウェブがより分散型のものになる。

C：ウェブ2.0 - 静的なテキストベースのウェブサイトが中心で、ユーザーは情報の消費者としての役割が主になる。

D：ウェブ1.0 - 3Dグラフィックスやブロックチェーン技術に重点を置き、ユーザーが情報の生産者としての役割を担う。

【試験時間】60分
【合格基準】得点率80%以上

# （ウェブマスター）検定（2）級　試験解答用紙

AJSA
一般社団法人 全日本SEO協会®
All Japan SEO Association

| フリガナ | |
|---|---|
| 氏　名 | |

【注意事項】
1、受験する検定名と、級の数字を（　）内に入れて下さい。
2、氏名とフリガナを記入して下さい。
3、解答欄から答えを一つ選び黒く塗りつぶして下さい。
4、訂正は消しゴムで消してから正しい番号を記入して下さい
5、携帯電話、タブレット、PC、その他デジタル機器の使用、書籍類、紙等の使用は一切禁止です。試験前に必ず電源を切って下さい。
　　試験中不適切な行為があると試験官が判断した場合は退席して頂きます。その場合試験は終了になります。
6、解答が終わるまで途中退席は出来ません。　　7、解答が終わったらいつでも退席出来ます。　　8、旦席する時は試験官に解答用紙と問題用紙を渡して下さい。
9、解答用紙を試験官に渡したらその後試験の継続は出来ません。　10、同日開催される他の試験を受験する方は開始時刻の10分前までに試験会場に戻って
　　下さい。【合否発表】合否通知は試験日より14日以内に郵送します。合格者には同時に認定証も郵送します。

| | 解答欄 | | 解答欄 | | 解答欄 | | 解答欄 | | 解答欄 | | 解答欄 | |
|---|---|---|---|---|---|---|---|---|---|---|---|---|
| 1 | ●BCD | 15 | A●CD | 29 | ●BCD | 43 | AB●D | 57 | ●BCD | 71 | AB●D | |
| 2 | AB●D | 16 | ●BCD | 30 | ●BCD | 44 | A●CD | 58 | A E●D | 72 | ●BCD | |
| 3 | AB●D | 17 | AB●D | 31 | A●CD | 45 | AB●D | 59 | ●ECD | 73 | ABC● | |
| 4 | AB●D | 18 | A●CD | 32 | AB●D | 46 | ●BCD | 60 | A●CD | 74 | A●CD | |
| 5 | A●CD | 19 | A●CD | 33 | AB●D | 47 | A●CD | 61 | A●CD | 75 | ABC● | |
| 6 | A●CD | 20 | A●CD | 34 | AB●D | 48 | A●CD | 62 | AB●D | 76 | AB●D | |
| 7 | ●BCD | 21 | A●CD | 35 | AB●D | 49 | AB●D | 63 | A●CD | 77 | AB●D | |
| 8 | ●BCD | 22 | A●CD | 36 | A●CD | 50 | A●CD | 64 | A●CD | 78 | A●CD | |
| 9 | AB●D | 23 | A●CD | 37 | ●BCD | 51 | AB●D | 65 | ●BCD | 79 | A●CD | |
| 10 | A●CD | 24 | ●BCD | 38 | ●BCD | 52 | ●BCD | 66 | A●CD | 80 | A●CD | |
| 11 | AB●D | 25 | A●CD | 39 | A●CD | 53 | ABC● | 67 | A●CD | | | |
| 12 | A●CD | 26 | A●CD | 40 | A●CD | 54 | AB●D | 68 | AB●D | | | |
| 13 | ●BCD | 27 | A●CD | 41 | A●CD | 55 | A●CD | 69 | ●BCD | | | |
| 14 | ABC● | 28 | A●CD | 42 | AB●D | 56 | A●CD | 70 | ●BCD | | | |

# 付 録

## ウェブマスター検定2級
## 模擬試験問題解説

## 第1問

正解A：ウェブマーケティングのゴール設定→カスタマージャーニーマップの作成→ウェブマーケティング施策の選定→KPIの設定→施策の実施→分析→課題の発見と改善

　「ウェブマーケティング」とは、オンラインショップなどのウェブサイト、ウェブサービスに対して、より多くの見込み客を集客し、サイト上で展開している商品・サービスの購入や、長期的な関係構築を促す活動のことを意味します。

　ウェブマーケティングを実施するには次の7つのステップを踏みます。

・【STEP 1】ウェブマーケティングのゴール設定
・【STEP 2】カスタマージャーニーマップの作成
・【STEP 3】ウェブマーケティング施策の選定
・【STEP 4】KPIの設定
・【STEP 5】施策の実施
・【STEP 6】分析
・【STEP 7】課題の発見と改善


## 第2問

正解C：ビジネスの課題を解消したいときに役立つ思考の枠組み

　フレームワークとはビジネスの課題を解消したいときに役立つ思考の枠組みのことをいいます。


## 第3問

正解C：課題認識→興味→比較検討→購入→リピート

　カスタマージャーニーにはさまざまなパターンがありますが、基本的には次の5つのステージからなります。

①課題認識
②興味
③比較検討
④購入
⑤リピート


## 第4問

正解C：企業やブランドの顧客への情報接点

　カスタマージャーニーの「タッチポイント」とは企業やブランドが顧客に何らかの影響を及ぼすあらゆる情報接点のことを指します。

## 第5問

### 正解B：[1]SNS　[2]行動履歴

　SNS広告とは、Twitter、Instagram、Facebook、LINE、PinterestなどのSNSのユーザーに配信する広告のことです。SNS広告はユーザーがSNSに登録したときの個人情報や、その後の行動履歴をもとにした細やかなターゲティング設定ができる広告です。

## 第6問

### 正解B：[1]KPI　[2]中間目標

　KPIとは、Key Performance Indicatorの略で、「重要業績評価指標」と呼ばれる経営指標です。KPIは「中間目標」を意味し、ゴールに向かうプロセスの目標数値です。つまり、現時点からゴールへ到達するために、通過すべきポイントといえるものです。

## 第7問

### 正解A：Googleアナリティクス

　ウェブマーケティングを実施した施策の結果を分析ツールを使って分析します。サイトへの訪問者数や成約件数、成約率などはGoogleアナリティクスなどのアクセス解析ツールを使うと見ることができます。

## 第8問

### 正解A：ダイレクトマーケティング

　「ダイレクトマーケティング」とは、ダイレクトメールなどの郵送物、テレアポなどの電話、FAXなどを通じて個々の見込み客に直接アプローチをする手法のことです。これにより、ターゲット層に対してカスタマイズされたメッセージを送ることが可能でしたが、これらの手法はコストが高く、到達率が限定的であるという欠点がありました。

## 第9問

### 正解C：[1]商品やサービスの内容や評判　[2]検索エンジンやSNSの検索機能

　総務省が平成27年に実施した調査結果によると、調査対象の79.3%が商品やサービスの内容や評判について調べたいことがある場合は、検索エンジンやSNSの検索機能を使うということがわかっています。

## 第10問

### 正解B：広告と同じくらい費用がかかる

　コンテンツマーケティングは非常に魅力的な集客方法ですが、次のようなデメリットがあります。
・時間と労力がかかる
・即時性がない
・競合他社との差別化が困難
・戦略の見直しとコンテンツのメンテナンスが必要

## 第11問

正解C：問題や悩みに役立つハウツー記事を提供する

　ブログに投稿される記事は、ブログ記事と呼ばれていますが、個人の日常や会社での社長や従業員の日常を綴るような日記的なものを読みたい読者は限られるため、全国にいる問題や悩みを抱えるネットユーザーに役立つコラム記事、ハウツー記事を書くという姿勢が必要です。

## 第12問

正解B：イラストやグラフで情報をわかりやすく表現した画像

　「インフォグラフィック」(infographics)とは、わかりにくいデータや情報を整理、分析、編集して、イラストやグラフ、チャート、表、地図などでわかりやすく表現した画像のことをいいます。新しい概念や、複雑な事柄をユーザーに伝えるのに効果的な画像コンテンツです。

## 第13問

正解A：[1]ケーススタディ　[2]原理や法則性

　ケーススタディとは、具体的な事例について、それを詳しく調べ、分析・研究して、その背後にある原理や法則性などを究明し、一般的な法則・理論を発見しようとする研究法のことをいいます。

## 第14問

正解D：Frequently Asked Questions

　FAQとは、「Frequently Asked Questions」の略で、「頻繁に尋ねられる質問」「よくいただくご質問」という意味です。エフエーキューと発音することが一般的です。

## 第15問

正解C：クイズ

　ウェブサイトにおけるクイズとは、読者の知識を質問形式でテストするものです。クイズには、さまざまなトピックやカテゴリに関するものがあります。読者の知識やスキル、学習の理解度を試すことができる学習のためのものや、エンターテインメント要素が強いものまで多様なものが提供されています。

## 第16問

正解A：アーンドメディア

　企業が消費者から評判を獲得するという意味で「Earned=獲得された」メディアと呼ばれるもので、Instagram、Facebook、TwitterなどのSNSや、アメブロやライブドアブログなどの消費者が運営するブログのことを意味します。企業が情報発信をするだけではなく、消費者との相互コミュニケーションと情報拡散により、ブランディングと見込み客の獲得が可能になります。

## 第17問

正解C：[1]エディトリアルカレンダー　[2]コンテンツ制作

　「エディトリアルカレンダー」とは、「コンテンツカレンダー」とも呼ばれるもので、コンテンツ制作のスケジュール管理をするために作成される表のことです。編集者やライター、マーケティング担当者などが関わるコンテンツ制作や運用の進行を簡単に把握するために作られます。

## 第18問

正解B：ダイレクトマーケティング

　無料コンテンツのダウンロード数、ブログ記事等のコンテンツの閲覧数を増やすための2つ目の方法は、まだサイトを訪問したことのないターゲットユーザーに対して無料コンテンツの存在を告知する活動をすることです。

　まだサイトを訪問したことのないターゲットユーザーにサイトに来てもらう方法としては次の3つの取り組みが効果的です。

・SEO（検索エンジン最適化）
・ソーシャルメディアマーケティング
・動画マーケティング

## 第19問

正解A：[1]YST　[2]品質向上が認められ

　日本国内においては、2010年まではYahoo! JAPANは独自の検索エンジンYST（Yahoo! Search Technology）を使用していました。しかし、Googleの絶え間ない検索結果の品質向上が認められ、Yahoo! JAPANはYSTを廃止して、ウェブサイトを検索する検索エンジンとしてGoogleの検索エンジンを採用しました。それにより、Googleの国内での市場シェアは90%近くにまで増え、日本国内ではGoogleに対するSEOを実施することは、同時にYahoo! JAPANのSEOも実施するということになりました。

## 第20問

正解A：E-A-A-Tが高いか？

　全日本SEO協会では独自に検索順位決定要因を研究調査しています。主要な検索順位決定要因は次の6つの要因だと考えています。

・検索キーワードと関連性が高いか？【関連性】
・アクセス数が多いか？【トラフィック】
・ユーザーにどれだけ好かれているか？【ユーザーエンゲージメント】
・他のサイト、ブログからどれだけ紹介されているか？【被リンク】
・検索エンジンが評価しやすいページか？【内部対策】
・E-E-A-T（経験、専門性、権威性、信頼性）が高いか？【信用】

## 第21問

正解B：[1]月間検索数の多さ　[2]お金を使う人が検索するキーワードかどうか

　Googleキーワードプランナーを使ってキーワード調査をする際には、月間検索数の多さに左右されるのではなく、その検索キーワードを自社の見込み客が検索するのか、お金を使う人が検索するキーワードかどうかは自らの経験と洞察力を磨いて判断する必要があります。

## 第22問

正解B：コンテンツマップ

　ソーシャルメディアの中でも非常に人気の高い形態であるSNSの基本的な仕組みは、次の9つの要素で構成されています。
・ユーザー登録
・プロフィール作成
・フォロワーを増やす
・コンテンツの投稿・共有
・いいね・コメント・シェア
・メッセージ機能
・グループ機能
・ハッシュタグ・キーワード検索
・アクションの通知機能

## 第23問

正解B：[1]1000通　[2]5000円

　LINE内で自社専用ページを持てるサービスがLINE公式アカウントです。お友達登録をしたユーザーに情報を配信することができます。毎月の情報配信数が1000通までなら無料で使え、それを超えても月額5000円程度からの利用料金なので手軽に始めることができます。

## 第24問

正解A：ブランディング効果

　スタッフの日常報告をSNSに投稿することは、企業や組織の人間性を伝えることができ、親近感を与えるとともに、ブランディング効果をもたらします。また、社内コミュニケーションの促進や採用活動の支援に役立ち、顧客との関係構築にも貢献します。さらに、定期的な情報発信を通じて、企業や組織の情報発信力を強化することができます。

## 第25問

### 正解A：サービスの利用方法が不透明

　無料ブログサービスは無料で使える非常に便利なプラットフォームです。豊富なデザインテンプレートから好きなデザインを選べることや、無料で利用できるなどの大きなメリットがあります。しかし、次のようなデメリットもあるので注意が必要です。

・コンテンツを増やしてもオウンドメディアではないので、自社コンテンツにはならない
・商用利用が禁止されているものがある
・サービスの継続が不透明
・広告が表示される

## 第26問

### 正解B：目標キーワードを含めて、訴求力のあるライティングを心がける。

　動画のタイトルに上位表示を目指す目標キーワードを含めると、含めないときに比べて上位表示しやすくなります。YouTubeの管理画面で動画の設定をする際には極力、動画のタイトルに目標キーワードを含めたものを記述しましょう。

　また、動画のタイトルは検索結果ページに表示されるものなので、単にキーワードが含まれている単調なタイトルではなく、ユーザーがクリックしたくなるような訴求力のあるライティングを心がけるようにする必要があります。

## 第27問

### 正解A：企業参加型のコンテンツ

　TikTokには次のような特徴があります。

・短い動画フォーマット
・音楽との連携
・AI技術によるコンテンツのレコメンド
・編集機能
・ユーザー参加型のコンテンツ

## 第28問

### 正解C：1クリックあたりの広告費は競争入札制で、広告主が希望額を入力する。

　リスティング広告の広告費はユーザーが広告のリンクをクリックした時点で課金されます。このことをクリック保証と呼びます。1クリックあたりの広告費用は競争入札制です。広告主が個々のキーワードに対して、このキーワードにはいくらを払うというように希望入札額を管理画面上で入力します。

## 第29問

正解A：カルーセル広告、ストーリーズ広告

　SNS広告にはさまざまな広告形式があります。通常のテキストを主体とした広告の他に、画像広告、動画広告、カルーセル広告（複数の画像や動画をスワイプして閲覧できる広告）、ストーリーズ広告など、目的やターゲット層に合わせて選択できます。

## 第30問

正解A：インサイト動画広告

　各プラットフォームには異なる動画広告フォーマットがあります。たとえば、YouTubeには次のようなフォーマットの広告があります。
・スキップ可能なインストリーム広告
・スキップ不可のインストリーム広告
・インフィード動画広告

## 第31問

正解B：[1]ウェブサイトやアプリ、SNS　[2]Googleが提供するGoogleディスプレイネットワーク

　アドネットワーク広告とは、広告を出稿できる多数のウェブサイトやアプリ、SNSを集めた広告配信ネットワークに同時に出稿できるオンライン広告です。日本国内で利用されているアドネットワークの代表的なものとしては、Googleが提供するGoogleディスプレイネットワークがあります。

## 第32問

正解C：[1]ASP　[2]アフィリエイター

　ASPにはA8.net、バリューコマース、リンクシェア、アクセストレードなどのさまざまな商材と関連性が高いサイトを運営するアフィリエイターを抱えているところから、金融や仮想通貨に強いところ、美容や女性向け商材に強いところなどがあるので、自社の商材に合わせてASPを選定することが得策です。

## 第33問

正解C：一部のアフィリエイターは成約率を高めるために好ましくない表現をすることがある。

　一部のアフィリエイターは広告主の商材を推奨する際に、広告主にとって好ましくない表現をして成約率を高めようとすることがあります。

## 第34問

正解A：[1]見込み客や顧客　[2]関心や購買意欲を喚起し

　「メールマーケティング」とは、企業が見込み客や顧客に向けてメールを送信し、無料で役立つ商品・サービスの情報を提供することで、関心や購買意欲を喚起し、売り上げを向上させることを目的としたマーケティング手法のことです。

## 第35問

正解D：[1]ツーステップ　[2]フロントエンド商材　[3]バックエンド商材

　商品・サービスを買ってもらうための働きかけをするには「ツーステップマーケティング」（2ステップマーケティング）を実施することが効果的です。「ツーステップマーケティング」とは、顧客に対して2段階のアプローチを行うマーケティング戦略のことです。

　この戦略は、まず顧客の興味や関心を引き付けるための第1ステップ（フロントエンド商材の提供）を行い、その後、顧客に製品やサービスの詳細を提供し、購入につなげる第2ステップ（バックエンド商材の販売）を行うことで、効果的な成果を得ることを目指すものです。

## 第36問

正解C：[1]アップセル　[2]クロスセル

　効果的なマーケティングを実施する際には、顧客の関心を引き付けた後、製品やサービスの詳細情報を提供し、購入を促します。ここでは、アップセル（より高価な製品やサービスへの誘導）やクロスセル（関連する製品やサービスの提案）を行うことで、顧客の購入金額や購入頻度を高めることができます。

## 第37問

正解B：ブログ記事に節税のアドバイスを掲載し、節税に関するホワイトペーパーのダウンロードページへのリンクを目立つ部分に張る。

　税理士事務所が顧問サービスの契約数を増やそうとする場合ならば、税理士事務所のサイトに節税をするためのアドバイスをブログ記事として載せます。そしてそのブログ記事の目立つ部分に、節税ノウハウを解説するホワイトペーパーのダウンロードページへのリンクを張ります。

　そうすることによって、節税について関心が高いユーザーに、節税のことがさらにわかるホワイトペーパーをオファーしていることを告知することができるのでダウンロードページへのリンクをクリックしてくれる可能性が高まります。

## 第38問

正解B：1日後、3日後、1週間後、数週間後

　あらかじめ設定した複数のメールを、設定した時期に自動配信するメールを「ステップメール」と呼びます。メールの内容は、商品・サービスの紹介、ターゲットユーザーが抱える問題を解決するためのセミナー形式の連続講座などがあります。

　これらのメールを1日後、3日後、1週間後、数週間後のように定期的に自動配信して見込み客を育成して最終的に商品・サービスを購入してもらうことを目指します。

## 第39問

**正解A：電子書籍の定期購読**

出版業界のフロントエンドとしては次のようなものが適切です。

・書籍（小説、エッセイ、詩集、自己啓発本など）
・雑誌・定期刊行物
・コミック・漫画・オーディオブック・電子書籍
・学習教材・教科書
・カレンダー・手帳

## 第40問

**正解B：メールの冒頭と文中に宛名を挿入して個別感を出すこと。**

メールの読了率の向上、そして読んだ後の企業が期待するアクションをとってもらう確率を高めるには極力、本文の冒頭に宛名を記載して、文中で読者のことを指すときも宛名を自動的に挿入して表示しましょう。

それにより、多くの読者は不特定多数の人たちに同時配信したというよりは、自分のために書いてくれたメールだと感じやすくなります。

## 第41問

**正解D：企業が商品・サービスを売ろうとする特定の購入者層**

市場環境を知った後は、その市場にいるターゲットユーザーを定める方法を学びます。ターゲットユーザーとは、企業が商品・サービスを売ろうとする特定の購入者層のことです。ウェブサイトに載せるテキストや画像などのコンテンツを作る際に、ターゲットとするユーザーを明確にすると、ユーザーに訴求力の高いコンテンツが作りやすくなります。

## 第42問

**正解C：クライアントサイドプログラムは、ユーザーのデバイス上で動作し、ポップアップや画像切り替えなどを行う。**

「クライアントサイドプログラム」とは、パソコンやタブレット、スマートフォンなどのクライアント側、つまりユーザー側のデバイス（情報端末）上で実行されるプログラムです。クリックするとメニューが表示されるポップアップメニューや画像が自動的に切り替わるような軽めのプログラムは、すべてクライアントサイドプログラムが実行します。その中でも最も使用されているものが「JavaScript」です。

## 第43問

**正解C：競合企業と競合する商品を開発してデータに基づいた調査を実施する**

　大きな予算をかけず、短期間で実施できる競合調査をするには次のような方法があります。
・競合調査会社に依頼する
・業界動向データを発表しているサイトを見る
・紙媒体の業界新聞・業界誌・経済誌を読む
・競合サイトの構成、売れていそうな商品・サービス、商品レビューを観察する
・競合調査ツールを利用する

## 第44問

**正解B：東京都内在住の30代男性**

　使用するターゲットユーザーの属性を決めた後は、それぞれの属性を含めたターゲットユーザーを定義します。B2B（企業向け）サイトのターゲットユーザーの例は次の通りです。
・東北地方の中小企業
・大阪市とその近隣市町村区にある学校
・首都圏に事業所がある上場企業
・全国にある中小規模の製造業
・横浜市内の医療機関
・宮城県内の建設業

## 第45問

**正解C：[1]サイト制作　[2]サイトゴール**

　直感や勢い、思いつきでサイト制作をスタートするのではなく、面倒でも一度立ち止まってサイトゴールを設定しましょう。サイトを作っても売り上げが思うように増えなければそのプロジェクトは失敗に終わります。失敗すればそこから立ち直るのにさらに多くの資金と労力が必要になります。サイトゴールを設定するのに数時間、数日間かかったとしても、失敗から立ち直るための何百時間、何百万円を節約することができるのです。

## 第46問

**正解D：ウェブ制作会社**

　対象とするユーザーが個人の場合は、B2Cと呼ばれます。B2CとはBusiness to Consumerの略で、企業と一般消費者の間の取引を表します。アパレル販売のZOZOTOWNや、繁華街にあるエステサロンや整体院などは基本的に消費者向けの商品・サービスを提供しているので、消費者向け＝B2Cに分類されます。

## 第47問

正解B：自社が属する業界の動向や顧客ニーズを調査し、新規事業の立ち上げや既存商品の改善方針を判断するため。

　サイトゴールの実現可能性が高いか低いかを判断するためには、市場分析をする必要があります。市場分析とは、自社が属する業界の動向、顧客ニーズ、市場規模などを調査し、分析することです。分析したデータに基づいて新規事業を始めるか、既存の商品・サービスをどのように改善し販売するかなどを判断します。

## 第48問

正解D：[1]市場　[2]消費者

　市場の規模が大きく、成長率が高ければ誰もが商品・サービスをたくさん売ることができるということはありません。たくさんの商品・サービスを売るには、消費者が現在何に困っているか、その市場の中で何を求めているかを知る必要があります。

## 第49問

正解C：Adobe Premiere

　ワイヤーフレームを作るツールとしては、PowerPoint、Excel、Adobe Photoshop、Figmaのようなインストール型のものや、オンライン上で使う作画ツールのCacoo、Prottなどがあります（Figmaはオンライン上でも利用できます）。

## 第50問

正解B：大見出し、CSS

　UIとは、User Interfaceの略で、ユーザーがウェブサイト内で閲覧、操作する要素のことです。ウェブデザインにおけるUIには次のものがあります。
・ページ全体の構成
・テキスト（文字）
・画像
・動画
・テキストリンク
・画像リンク
・テキスト入力欄

## 第51問

正解C：[1]サイトをデザインしたい　[2]競合サイト

　自分が理想とするサイトをデザインしたいという気持ちをいったん抑えて、競合サイトがターゲットユーザーのニーズにどのように対応しているのかを観察しましょう。そして良いと思ったところは積極的に自社サイトに取り入れましょう。

　そうすることにより、自分が理想とするデザインのサイトを作った後にユーザーの反応が悪いために作り直すという無駄な時間を節約することができます。

## 第52問

### 正解A：2カラム

　2カラム（ツーカラム）はメインコンテンツとサイドバーで構成されるレイアウトです。サイドバーにはサイト内にある他のページへのリンク、カテゴリ、バナーリンクなどが掲載されます。サイドバーにこうした情報要素を配置することによりユーザーが他のページを見てくれる可能性が増します。

## 第53問

### 正解D：サイト内検索窓

　ユーザーが、サイト内にあるメニューリンクを見ずに、自分が探しているページを検索することができるのがサイト内検索窓です。ページ数が数百を超えるような大きなサイトの場合は、ユーザーがキーワード検索をすると一発で探しているページが見つかるようにするサイト内検索窓を設置するとサイトの利便性が向上し、回遊率が高まることが期待できます。

## 第54問

### 正解C：[1]色の黄金比　[2]70%　[3]25%

　ウェブサイトの配色を決めた後は、「色の黄金比」を守ってウェブページを着色します。色の黄金比とは、ベースカラー70%、メインカラー25%、アクセントカラー5%という比率で配色すると美しい配色になるという考え方です。

## 第55問

### 正解B：サイト運営者がウェブページに設置するシンボルマーク

　「ファビコン」（favicon）とは、favorite icon（お気に入りのアイコン）を略した混成語で、サイト運営者がウェブページに設置するシンボルマークのことです。

　ファビコンを作成し、設定することで、複数のタブを開いて作業をしているときや、お気に入りやブックマークを開いたときに目印になります。自社サイトをひと目で識別してくれる重要な画像です。

## 第56問

### 正解B：[1]5000　[2]数万円から高いものになると10万円近く

　年々ライティングの外注費用は上がってきています。一昔前までは数千文字の原稿のライティング料金が5,000円前後で調達できていたものが、最近では数万円から高いものになると10万円近くにまで値上がりしているということを見聞きするようになっています。

## 第57問

正解A：[1]レイヤー　[2]オブジェクト

　レイヤーとは透明なフィルムのようなもので、そこに画像やテキスト、その他のオブジェクトを個別に配置し、それらを重ね合わせることで1つの画像を作成するものです。他のレイヤーのコンテンツに影響を与えることなく、1つのレイヤーのコンテンツを移動、編集、操作することができます。

## 第58問

正解C：UTF-8

　文字コードには、「UTF-8」「EUC-JP」「Shift_JIS」などがあります。現在最も普及している文字コードは「UTF-8」です。特に事情がない限り文字コードは最も普及率が高い「UTF-8」にしましょう。

## 第59問

正解A：[1]PostgreSQL　[2]Oracle Database

　PHPなどのサーバーサイドプログラムと連携して使用されるデータベースには、MySQL（マイエスキューエル）、PostgreSQL（ポストグレスキューエル）、SQLite（エスキューーライト）、Oracle Database（オラクルデータベース）などがあります。

## 第60問

正解D：[1]PHP Data Objects　[2]データベース

　PDOとは、PHP Data Objectsの略で、PHPからデータベースにアクセスをさせてもらうための手続きのことです。

## 第61問

正解B：Telnet、SMTP、FTP、IRC、NNTP、HTTP

　インターネットという言葉の意味は、インターネットプロトコル（IP）技術を利用してコンピュータを相互に接続したネットワークのことです。ウェブという言葉はインターネットと同じ意味で用いられることが多いですが、実はインターネットの1つの形態にしか過ぎません。

　1970年代から1980年代にかけて考案されたインターネットプロトコル（IP）技術を利用して生まれた主要なコンピュータネットワークには、Telnet、SMTP、FTP、IRC、NNTP、HTTPがあります。

## 第62問

正解C：Telnetにより誰もがコンピュータを利用できる環境が整った。

　Telnet とはTeletype networkの略でテルネットと発音します。Telnetは遠隔地にあるサーバーやネットワーク機器などを端末から操作する通信プロトコル（通信規約）です。これによりユーザーは遠方にある機器を取り扱おうとする際に、長距離の物理的な移動をしなくて済むようになりました。

　当時は、パーソナルコンピューターが普及しておらず、誰もがコンピュータを利用できる環境にいなかったため、Telnetの発明によりコンピュータを遠隔地から利用するユーザーが増えてコンピュータの普及に貢献することになりました。

●Telnetのイメージ図

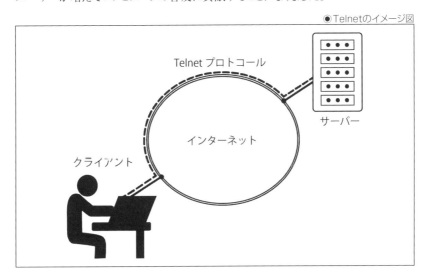

●Telnetの操作画面例

## 第63問

正解D：[1]ディレクトリ型　[2]ロボット型

　ウェブの発達とともにウェブサイトの数は爆発的に増えました。しかし、数が増えれば増えるほど、ユーザーが探している情報を持つウェブサイトを見つけることが困難になりました。こうした問題を解決するために数多くの検索エンジンが作られました。

　検索エンジンにはウェブ上で発見されたウェブサイトの情報が1つひとつ追加されていき、ユーザーはキーワードを入力することにより瞬時に検索することができるようになりました。

　ウェブ誕生当時は、検索エンジンには2つの形がありました。1つは人間が目で1つひとつのウェブサイトを見て編集するディレクトリ型検索エンジンで、もう1つはソフトウェアが自動的に情報を収集して編集するロボット型の検索エンジンです。


## 第64問

正解D：[1]網羅的な　[2]総合　[3]ウェブ

　ポータルとはもともと門や入り口を表し、特に大きな建物の門という意味です。このことから、ウェブにアクセスするときの入り口となる玄関口となるウェブサイトを意味するようになりました。

　最初のポータルサイトは網羅的なカテゴリの情報を取り扱う総合ポータルサイトでした。それらはキーワード検索ができるウェブ検索エンジンと、編集者が管理するウェブサイトのディレクトリ（リンク集）、新聞社などのマスメディアが発信するニュース記事の転載、無料のメールなど、当時のネットユーザーが欲するサービスで構成されていました。

　代表的なものとしてはexcite、infoseek、Yahoo! JAPAN、MSN、Nifty、Biglobeなどがありました。


## 第65問

正解A：比較サイト、口コミサイト、ランキングサイト

　ウェブサイトの数が爆発的に増えた結果、消費者は1つひとつのウェブサイトに対して長い時間をかけて情報を収集し、比較検討することが困難な状況に陥るようになりました。

　その結果、あらかじめ編集者が膨大な情報を精査し、消費者が比較検討をしやすくするための判断材料を提供する比較サイト、口コミサイト、ランキングサイトの人気が高まるようになりました。

## 第66問

正解D：販売価格のコントロールと代理店の離反

　　販売代理店制度を作り、他社のウェブサイト上で商品・サービスを販売してもらうという手法があります。このやり方を採用すれば、自社のウェブサイトを持たなくても、あるいはウェブサイトの更新に力を入れなくてもウェブを活用して売り上げを増やすことが可能です。

　　しかし、販売代理店制度を活用してウェブでの売り上げを増やすには特に次の点に留意する必要があります。

・販売価格のコントロール

・代理店の離反

## 第67問

正解B：TIFF

　　ウェブページで一般的に使用される画像ファイルには主に5種類があり、画像編集ツールで作成します。

・JPEG

・PNG

・GIF

・SVG

・WebP

## 第68問

正解C：トップページのデザインでは目次的な役割とブランディングのバランスが重要で、どちらか一方の役割を過度に重視するとユーザー体験が損なわれる可能性がある。

　　トップページの役割の1つはサイト内の目次としてのような役割であり、もう1つの役割はサイト全体の顔としての役割です。サイトを訪問したユーザーにどのような企業なのか、どのような店舗なのかという印象を与えるというブランディングをする役割です。そのために趣向を凝らしたキャッチコピーや説明文、インパクトのある画像を掲載し、最近では商品・サービスや企業そのものを紹介する動画を掲載するケースが増えています。

　　これら2つの役割のバランスを取ることがトップページのデザインでは重要です。目次的な役割ばかりを重視すると企業のブランディングをするためのグラフィックデザインがなおざりになり企業イメージが損なわれます。

　　反対に、サイト全体の顔としての役割ばかりを重視すると見た目はよいデザインのサイトでも、ユーザーにとって使いにくいトップページになってしまいます。

## 第69問

正解D：[1]広告専用ページ、広告用LP、またはLP　[2]最短で購入、または申し込みというゴールに達することができるようにするために

　GoogleやYahoo! JAPANなどの検索エンジンの広告枠に表示するための専用のページを広告専用ページ、広告用LP、またはLP（エルピー）と呼びます。LPはランディングページの略で、ユーザーが検索エンジンやウェブサイトにあるリンクをクリックして最初に訪問するページのことです。

　広告専用ページはユーザーが最短で購入、または申し込みというゴールに達することができるようにするために他のページへはリンクをせずに、1つのページだけで完結する作りのものがほとんどです。

## 第70問

正解B：企業名、代表者名、事業所の所在地、電話番号、メールアドレス、事業内容一覧

　企業のウェブサイトのページの中でも必須のページであり、法人の場合は会社概要、企業情報などと呼ばれ、店舗のウェブサイトの場合は店舗情報、個人が運営しているブログなどでは運営者情報と呼ばれるページです。

　掲載する内容は、企業名（店舗名、サイト名またはブログ名）、代表者名、事業所の所在地、電話番号、メールアドレス、そして事業内容一覧などを載せることがあります。また、政府からの許認可が必要な業界では許認可番号や保有資格、認証機関からの認証番号、所属団体名、所属学会名を記載している企業も多数あります。

## 第71問

正解C：資料請求と同時にPDF形式で資料をダウンロード可能にする。

　いきなりユーザーが商品・サービスを申し込むのが難しい高額な教育サービスや設備の販売、建築サービスを提供する業界では、事前に紙の資料を請求することが慣習化されています。そうした業界の場合は、見込み客が知りたそうな情報を事前に何ページかの紙の資料に掲載して準備をします。そして資料請求が来たら迅速に郵送し、その後、フォローアップの電話かメールを出すことが受注率を高めることになります。

　しかし、近年では、紙の資料だけでなく、その資料のデータをPDF形式で出力して、急いでいる見込み客が資料請求と同時にダウンロードできるようにすることが効果的になってきています。

## 第72問

正解C：アルゴリズムを使ってクロールする

　サイトを自作するには次の3つの方法があります。

・テキストエディタを使ってコーディングをする
・ホームページ制作ソフトを使う
・CMSを使う

## 第73問

正解D：[1]インストール　[2]メディアライブラリ

　WordPressなどのCMSでウェブサイトを作る場合は、CMS自体がすでにサーバーにインストールされているためウェブページを作成すると同時にサーバーにファイルが生成されます。そのため、ファイルのアップロードをする手間はかかりません。

　ただし、サイト運営者のパソコンで作成した画像ファイルや動画ファイルはCMSの管理画面でアップロードしたいファイルを選択してアップロードします。WordPressを使用している場合は、WordPressにあるメディアライブラリという画面で、ファイルを選択してアップロードします。

## 第74問

正解B：回線には、光回線やケーブルテレビ、電話回線、モバイル回線などの種類がある。

　回線事業者とは、インターネットに接続するための回線を提供する事業者です。回線には光回線や、ケーブルテレビ、電話回線、モバイル回線などの種類があります。国内の回線事業者には、NTT東日本、NTT西日本、KDDI、ソフトバンクなどがあります。通常、回線事業者との契約のみではインターネットとの接続はできないので、別途ISPとの契約が必要になります。

## 第75問

正解D：[1]ルーター　[2]データ

　ルーターとは、コンピュータネットワークにおいて、データを2つ以上の異なるネットワーク間に中継する通信機器です。高速のインターネット接続サービスを利用する現在では家庭内でも複数のパソコンやスマートフォン、その他インターネット接続が可能な情報端末を同時にインターネット接続する際に一般的に用いられるようになりました。無線でLAN接続する際には無線LANルーター（Wi-Fiルーター）が用いられています。

## 第76問

正解C：プライベートIPアドレスは構内ネットワーク（LAN）などで自由に使うことができる。

　IPアドレスとは、Internet Protocol Addressの略で、インターネットなどのTCP/IPネットワークに接続されたコンピュータや通信機器の1台ごとに割り当てられた識別番号（住所番号）のことです。

　IPアドレスにはグローバルIPアドレスとプライベートIPアドレスがあります。同じネットワーク上ではアドレスに重複があってはならないため、インターネットで用いられるグローバルIPアドレスについては管理団体が申請に基づいて発行する形を取っています。

　一方、プライベートIPアドレスは構内ネットワーク（LAN）などで自由に使うことができます。

　IPアドレスは数字の組み合わせから構成され、4つのグループからなる数字の組み合わせを「.」（ドット）で区切ったものに決められました。

## 第77問

正解C：料金の支払いを怠ると、ドメイン名を失い他人に取られる可能性がある。

　ドメイン名を維持するためには毎年一定の料金を支払う必要があります。料金の支払いを怠ると使用する権利を失い他人にドメイン名が取られてしまうことがあります。

## 第78問

正解B：ウェブは国境や特定の組織に制約されず、グローバルなネットワークである。

　ウェブは、パソコン通信のような特定の企業が運営するのではなく、たくさんの企業が自由に参入でき、世界中にインターネット回線網を敷くことにより国境を越えたグローバルな世界ネットワークに発展しました。そして特定の国の政府だけが管理するものではないというボーダレスなネットワークであるという点もその発展の要因となりました。

　これによりインターネット回線に接続するユーザーは世界中のさまざまなジャンルの情報をパソコンなどの情報端末を使うことにより瞬時に取得できるという利便性を手に入れることになりました。

## 第79問

正解B：ユーザーが増えれば増えるほど、そのネットワークの価値と利便性が高まる現象

　ウェブが発展した4つ目の要因はネットワーク効果です。ネットワーク効果とは、ユーザーが増えれば増えるほど、ネットワークの価値が高まり、ユーザーにとっての利便性が高くなるという意味です。

　たとえば、電話の普及においては、電話を使うユーザーが増えれば増えるほどその利用価値は高まっていき、それがさらに多くのユーザーがその価値を得るために電話を購入しネットワークが拡大していき魅力的なものになります。これと同じことがウェブの発展を後押しすることになりました。

## 第80問

正解B：ウェブ3.0 - ブロックチェーン技術などの技術や概念と関連付けられ、ウェブがより分散型のものになる。

　ウェブ1.0はウェブを使った情報発信の方法を知る一部の人たちによる一方的な情報発信でした。ウェブ1.0は1990年代終わりまで続いたテキスト情報中心のウェブサイトの閲覧という形の一方通行のコミュニケーションの形を取ったものでした。

　ウェブ2.0はソーシャルメディアを使うことでそれまで受け身であったユーザーが情報を発信できる機会を提供しました。さらにはユーザー同士での自由なコミュニケーションが可能になり重要なコミュニケーション手段へと成長しました。

　ウェブ3.0は、巨大プラットフォーム企業が提供するサービスに依存することのないブロックチェーン技術（情報をプラットフォーム企業に蓄積するのではなく、各ユーザーに分散して管理する仕組み）を使った分散型のウェブであるといわれています。

# AJSA 一般社団法人 全日本SEO協会 All Japan SEO Association

## （　）検定（　）級　試験解答用紙

【試験時間】60分
【合格基準】得点率80%以上

フリガナ

氏　名

【注意事項】
1. 受験する検定名と、級の数字を（　）内に入れて下さい。
2. 氏名とフリガナを記入して下さい。
3. 解答欄から答えを一つ選び黒く塗りつぶして下さい。
4. 訂正は消しゴムで消してから正しい番号を記入して下さい
5. 携帯電話、タブレット、PC、その他デジタル機器の使用、書籍類、紙等の使用は一切禁止です。その場合試験は終了になります。試験前に必ず電源を切って下さい。
   試験中不適切な行為があると試験官が判断した場合は退席して頂きます。退席する時は試験官に解答用紙と問題用紙を渡して下さい。
6. 解答が終わるまで途中退席は出来ません。7. 解答が終わったらいつでも退席出来ます。8. 退席する時は試験官に解答用紙と問題用紙を渡して下さい。
7. 解答用紙に渡したらその後試験の継続は出来ません。10. 同日開催される他の試験を受験する方は開始時刻の10分前までに試験会場に戻って
   下さい。【合否発表】合否通知は試験日より14日以内に郵送します。合格者には同時に認定証も配送します。

| 解答欄 | | 解答欄 | | 解答欄 | | 解答欄 | | 解答欄 | | 解答欄 | |
|---|---|---|---|---|---|---|---|---|---|---|---|
| 1 | Ⓐ Ⓑ Ⓒ Ⓓ | 15 | Ⓐ Ⓑ Ⓒ Ⓓ | 29 | Ⓐ Ⓑ Ⓒ Ⓓ | 43 | Ⓐ Ⓑ Ⓒ Ⓓ | 57 | Ⓐ Ⓑ Ⓒ Ⓓ | 71 | Ⓐ Ⓑ Ⓒ Ⓓ |
| 2 | Ⓐ Ⓑ Ⓒ Ⓓ | 16 | Ⓐ Ⓑ Ⓒ Ⓓ | 30 | Ⓐ Ⓑ Ⓒ Ⓓ | 44 | Ⓐ Ⓑ Ⓒ Ⓓ | 58 | Ⓐ Ⓑ Ⓒ Ⓓ | 72 | Ⓐ Ⓑ Ⓒ Ⓓ |
| 3 | Ⓐ Ⓑ Ⓒ Ⓓ | 17 | Ⓐ Ⓑ Ⓒ Ⓓ | 31 | Ⓐ Ⓑ Ⓒ Ⓓ | 45 | Ⓐ Ⓑ Ⓒ Ⓓ | 59 | Ⓐ Ⓑ Ⓒ Ⓓ | 73 | Ⓐ Ⓑ Ⓒ Ⓓ |
| 4 | Ⓐ Ⓑ Ⓒ Ⓓ | 18 | Ⓐ Ⓑ Ⓒ Ⓓ | 32 | Ⓐ Ⓑ Ⓒ Ⓓ | 46 | Ⓐ Ⓑ Ⓒ Ⓓ | 50 | Ⓐ Ⓑ Ⓒ Ⓓ | 74 | Ⓐ Ⓑ Ⓒ Ⓓ |
| 5 | Ⓐ Ⓑ Ⓒ Ⓓ | 19 | Ⓐ Ⓑ Ⓒ Ⓓ | 33 | Ⓐ Ⓑ Ⓒ Ⓓ | 47 | Ⓐ Ⓑ Ⓒ Ⓓ | 61 | Ⓐ Ⓑ Ⓒ Ⓓ | 75 | Ⓐ Ⓑ Ⓒ Ⓓ |
| 6 | Ⓐ Ⓑ Ⓒ Ⓓ | 20 | Ⓐ Ⓑ Ⓒ Ⓓ | 34 | Ⓐ Ⓑ Ⓒ Ⓓ | 48 | Ⓐ Ⓑ Ⓒ Ⓓ | 62 | Ⓐ Ⓑ Ⓒ Ⓓ | 76 | Ⓐ Ⓑ Ⓒ Ⓓ |
| 7 | Ⓐ Ⓑ Ⓒ Ⓓ | 21 | Ⓐ Ⓑ Ⓒ Ⓓ | 35 | Ⓐ Ⓑ Ⓒ Ⓓ | 49 | Ⓐ Ⓑ Ⓒ Ⓓ | 63 | Ⓐ Ⓑ Ⓒ Ⓓ | 77 | Ⓐ Ⓑ Ⓒ Ⓓ |
| 8 | Ⓐ Ⓑ Ⓒ Ⓓ | 22 | Ⓐ Ⓑ Ⓒ Ⓓ | 36 | Ⓐ Ⓑ Ⓒ Ⓓ | 50 | Ⓐ Ⓑ Ⓒ Ⓓ | 64 | Ⓐ Ⓑ Ⓒ Ⓓ | 78 | Ⓐ Ⓑ Ⓒ Ⓓ |
| 9 | Ⓐ Ⓑ Ⓒ Ⓓ | 23 | Ⓐ Ⓑ Ⓒ Ⓓ | 37 | Ⓐ Ⓑ Ⓒ Ⓓ | 51 | Ⓐ Ⓑ Ⓒ Ⓓ | 65 | Ⓐ Ⓑ Ⓒ Ⓓ | 79 | Ⓐ Ⓑ Ⓒ Ⓓ |
| 10 | Ⓐ Ⓑ Ⓒ Ⓓ | 24 | Ⓐ Ⓑ Ⓒ Ⓓ | 38 | Ⓐ Ⓑ Ⓒ Ⓓ | 52 | Ⓐ Ⓑ Ⓒ Ⓓ | 66 | Ⓐ Ⓑ Ⓒ Ⓓ | 80 | Ⓐ Ⓑ Ⓒ Ⓓ |
| 11 | Ⓐ Ⓑ Ⓒ Ⓓ | 25 | Ⓐ Ⓑ Ⓒ Ⓓ | 39 | Ⓐ Ⓑ Ⓒ Ⓓ | 53 | Ⓐ Ⓑ Ⓒ Ⓓ | 67 | Ⓐ Ⓑ Ⓒ Ⓓ | | |
| 12 | Ⓐ Ⓑ Ⓒ Ⓓ | 26 | Ⓐ Ⓑ Ⓒ Ⓓ | 40 | Ⓐ Ⓑ Ⓒ Ⓓ | 54 | Ⓐ Ⓑ Ⓒ Ⓓ | 68 | Ⓐ Ⓑ Ⓒ Ⓓ | | |
| 13 | Ⓐ Ⓑ Ⓒ Ⓓ | 27 | Ⓐ Ⓑ Ⓒ Ⓓ | 41 | Ⓐ Ⓑ Ⓒ Ⓓ | 55 | Ⓐ Ⓑ Ⓒ Ⓓ | 69 | Ⓐ Ⓑ Ⓒ Ⓓ | | |
| 14 | Ⓐ Ⓑ Ⓒ Ⓓ | 28 | Ⓐ Ⓑ Ⓒ Ⓓ | 42 | Ⓐ Ⓑ Ⓒ Ⓓ | 56 | Ⓐ Ⓑ Ⓒ Ⓓ | 70 | Ⓐ Ⓑ Ⓒ Ⓓ | | |

## ■編者紹介

### 一般社団法人全日本SEO協会

2008年SEOの知識の普及とSEOコンサルタントを養成する目的で設立。会員数は600社を超え、認定SEOコンサルタント270名超を養成。東京、大阪、名古屋、福岡など、全国各地でSEOセミナーを開催。さらにSEOの知識を広めるために「SEO for everyone! SEO技術を一人ひとりの手に」という新しいスローガンを立てSEOの検定資格制度を2017年3月から開始。同年に特定非営利活動法人全国検定振興機構に加盟。

### ●テキスト編集委員会

【監修】古川利博／東京理科大学工学部情報工学科　教授
【執筆】鈴木将司／一般社団法人全日本SEO協会　代表理事
【特許・人工知能研究】郡司武／一般社団法人全日本SEO協会　特別研究員
【モバイル・システム研究】中村義和／アロマネット株式会社　代表取締役社長
【構造化データ研究】大谷将大／一般社団法人全日本SEO協会　特別研究員
【システム開発研究】和栗実／エムディーピー株式会社　代表取締役
【DXブランディング研究】春山瑞恵／DXブランディングデザイナー
【法務研究】吉田泰郎／吉田泰郎法律事務所　弁護士

編集担当 ： 吉成明久 / カバーデザイン ： 秋田勘助（オフィス・エドモント）

## ウェブマスター検定 公式問題集 2級 2024・2025年版

2023年10月20日　初版発行

| | |
|---|---|
| 編　者 | 一般社団法人全日本SEO協会 |
| 発行者 | 池田武人 |
| 発行所 | 株式会社　シーアンドアール研究所 |
| | 新潟県新潟市北区西名目所4083-6（〒950-3122） |
| | 電話　025-259-4293　　FAX　025-258-2801 |
| 印刷所 | 株式会社　ルナテック |

ISBN978-4-86354-430-7 C3055
©All Japan SEO Association, 2023　　　　　　Printed in Japan